小さい農業で暮らすコツ

養鶏・田畑・エネルギー自給

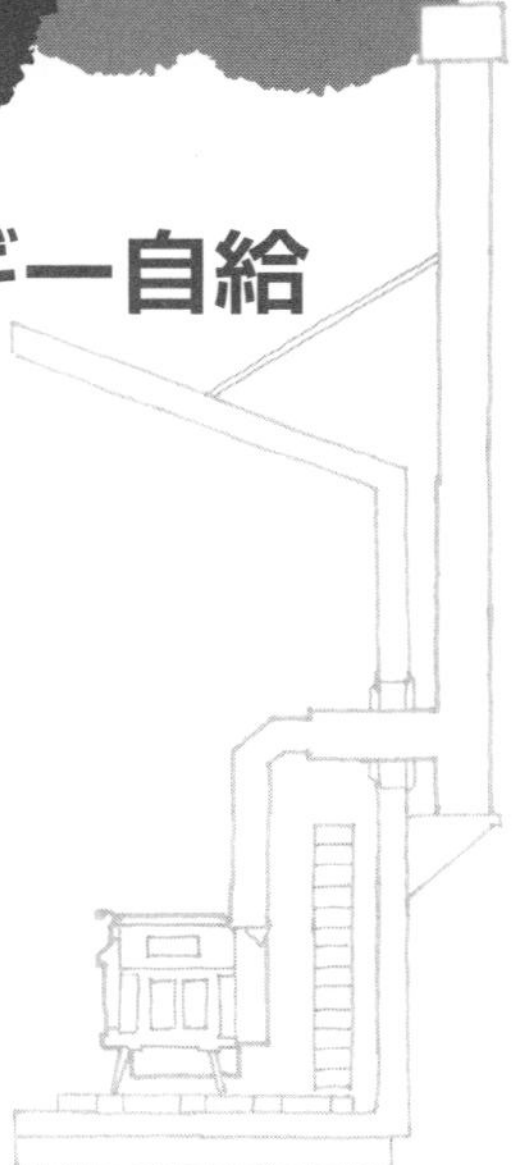

新藤洋一 著

農文協

まえがき

２０２０年2月。私は『新新貧乏物語』という本を自費出版しました。自給生活の様子や教育論、次世代の生き方の提言などを記しています。その本の最初の1章には「自給とお金の論理」を展開しています。

現在、ほとんどの日本人は、すべての生活を１００％お金で成り立たせています。それに何の疑問もはさむ余地がないくらい常態化しています。私の家の近所の同年代の夫婦も、相続した田畑を所有していますが、米も野菜も一切作ることなく、共働きで仕事に出かけ、米や野菜を買って暮らしているのです。

皆が同じように生活しているので、そこに疑問を抱くことなどないでしょう。しかし、視点を１００年前に移してみたらどうでしょう。

今からおよそ１００年前、経済学者河上肇の『貧乏物語』がベストセラーになりました。当時は大正バブルのまっただ中。物価の上昇が所得のそれを上回り、満足に食事もできない人が続出したというのです。

私が『貧乏物語』の中のこの現象に違和感を覚えたのは、大正２（１９１３）年生まれの祖母や、昭和12（１９３７）年生まれの母からいろいろな話を聞いて育ったからです。その中に「飢えて苦労した」話は一つもなく、祖母は「生涯、食うに困った経験をしたことはない」と言ったのです。

『貧乏物語』に書かれている現実と祖母の生活は何がどう違うのか。このことを解き明かすため、私は、当時、世の中に出回っていたお金の量を調べて、次のような考察を行ないました。

大正６（１９１７）年の通貨発行量は6億円で、人口が５６００万人なので、１人当たりに換算すると10円くらいです。このお金を現在の価値に直すと数万円となります。当時の国民すべてが数万円で暮らしていたのでしょうか。

そうではありません。都会で働いていた人の給料は１００円くらいで、今の価値で数十万円。都市部にお金が集中していたのです。反対に、田舎ではお金がなくてもあらゆるものを自給することで、わずかな現金収入でも生活できていたのです。

重要なのは、お金に頼らない自給生活はインフレに振り回されることなく、食うに困ることはなかったということです。つまり、河上の『貧乏物語』は実は都市部の物語でしかなかったのです。

翻って現代。田舎でも都会でも、皆１００％お金で生活を成り立たせています。

この原稿を書いている２０２０年８月、コロナウイルスの第２波が全国各地で猛威を振るっています。戻りかけた経済もまた沈んでしまいます。

コロナ禍がもたらした最大の影響は、中央銀行の過剰な通貨発行です。休業補償や損失補填などで、国債と引き替えにばんばんお金を発行しています。アメリカのＦＲＢは社債を直接引き受けて企業にどんどんお金を渡しています。

過剰な通貨発行は必ずインフレをもたらします。既にその兆候が「金地金《きんじがね》」の値段に現われています。これまでの史上最高値１オンス１９２３ドルをあっさりと更新し、今や２０００ドルを突破しました。これはドルの価値が下がっていることと同じです。

大正バブルも、戦後の焼け野原も、疲弊したのは都市部のみであり、自給経済を組み入れていた田舎は大した影響を受けませんでした。

しかし今は違います。すべての国民が１００％お金で生活を成り立たせているので、すべての国民がインフレの影響を直に被るのです。

今こそ「自給暮らし」を見直して、それを生活の一部に取り入れるべきではないでしょうか。もはや世界はコロナ前に戻ることはできないといわれています。アフターコロナを豊かなものにするために、本書が参考になれば幸いです。

２０２０年８月　新藤洋一

目次

第2章 豊かな暮らしは排出物を出さない

本文中のイラスト：飯島満

家族そろって屋外サロンで昼食を食べる（写真の左から妻・私・次男・三男）（田中康弘撮影、以下Ⓣも）

右の昼食の食材はすべて我が家で作ったもの（もちろん、ご飯のお米も）Ⓣ

とれたての食材を屋外で家族一緒に食べる贅沢！

放血で汚れない

鶏のさばき方

➡新藤さんの絞め方は、左手で足をつかみ、右手で頭と首の付け根をつかんで引っ張り、関節を抜く。首を切らないので、放血で汚れることがないⓉ

⬇しばらく羽をバタバタさせて痙攣するので、2分くらい足をつかんで逆さにした後、ヒモに吊るすⓉ

首の関節の抜き方

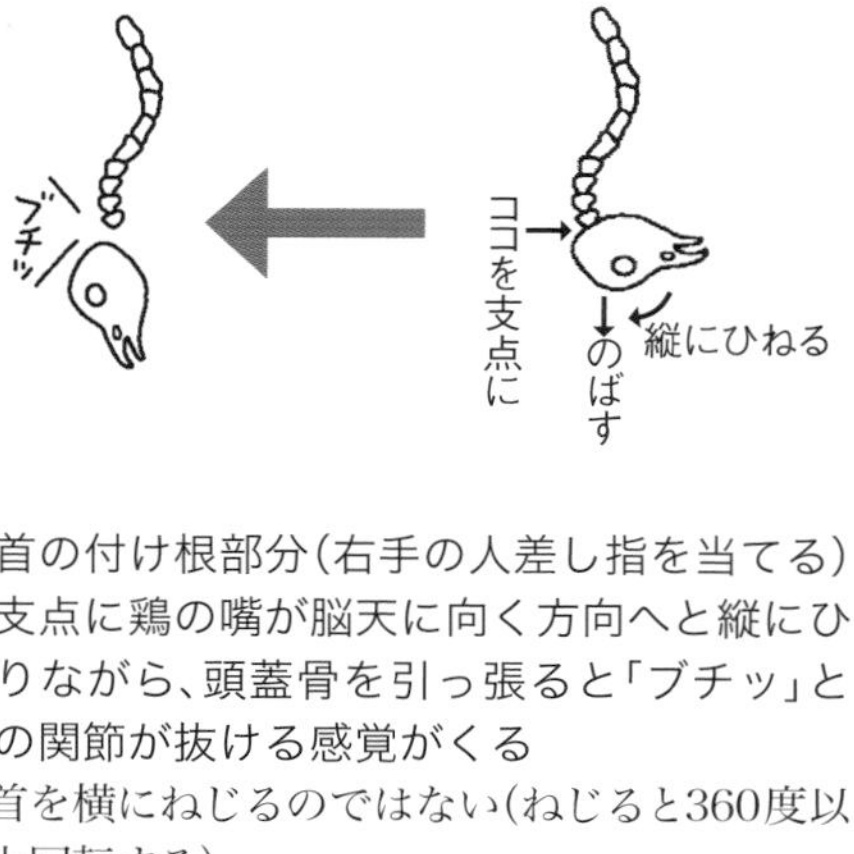

⬆首の付け根部分（右手の人差し指を当てる）を支点に鶏の嘴が脳天に向く方向へと縦にひねりながら、頭蓋骨を引っ張ると「ブチッ」と首の関節が抜ける感覚がくる

＊首を横にねじるのではない（ねじると360度以上回転する）

＊平飼い品種の雌鶏ならどれでもできるが、首が硬い雄鶏は不可

毛をむしる

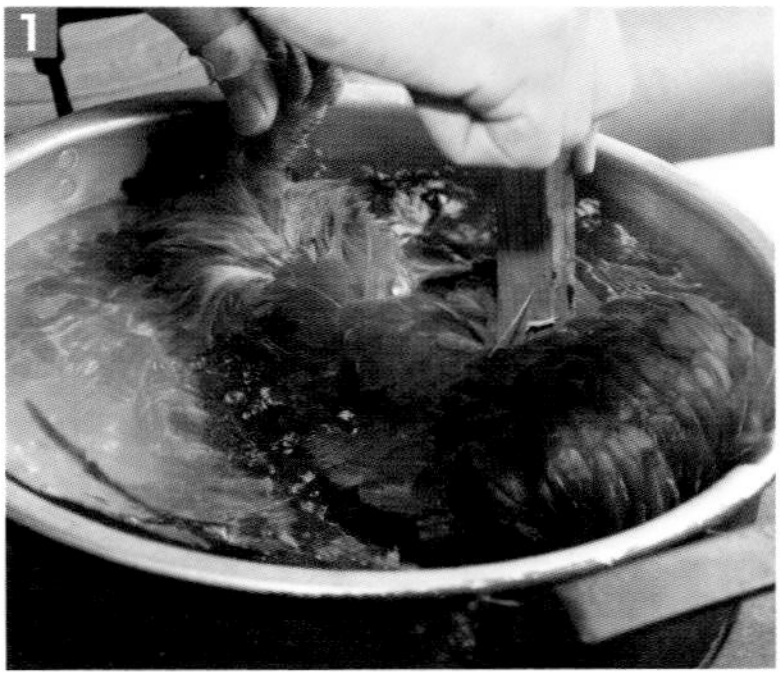

10分ほど逆さに吊るしたら、沸騰させたお湯に入れて10秒数えるⓉ

毛穴が開くので、冷めないうちに素早く毛をむしるⓉ

足をはずして皮をむく

足(モミジ)の関節を横にへし折り、皮とスジを切ってはずすⓉ

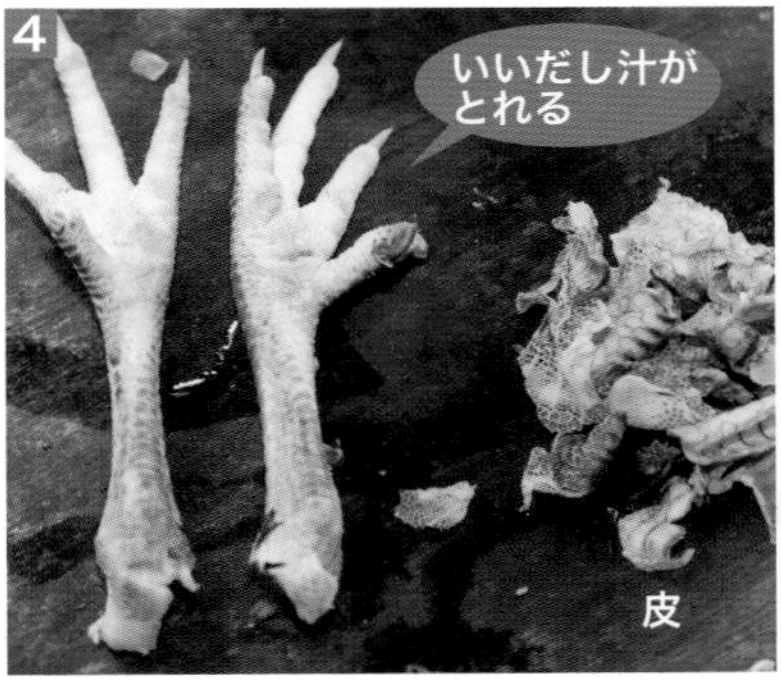

モミジはお湯に20～30秒ほど浸けると、皮も爪もスポッとむけて、足裏についた糞などを取り除けるⓉ

手羽とモモをはずす

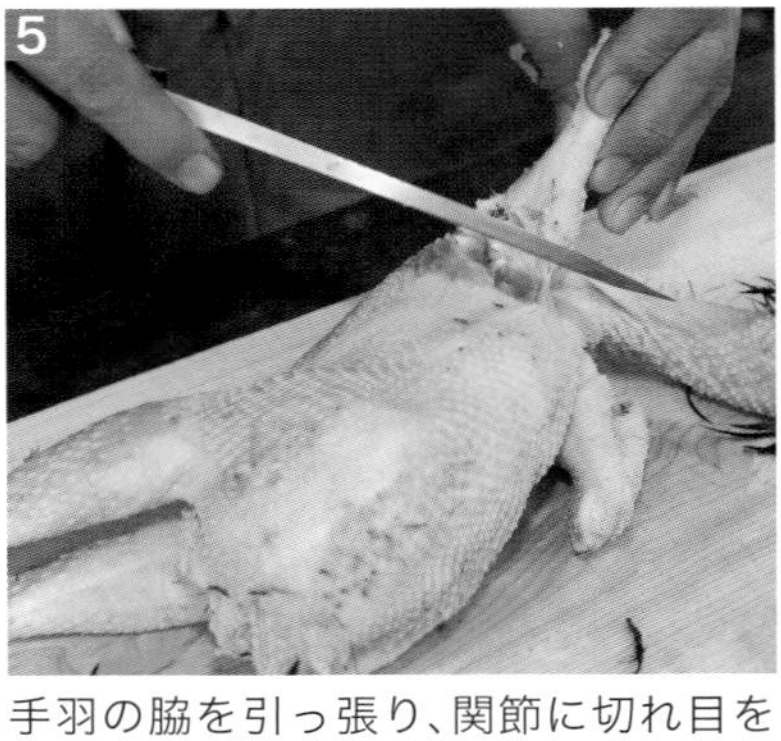

手羽の脇を引っ張り、関節に切れ目を入れてはずすⓉ

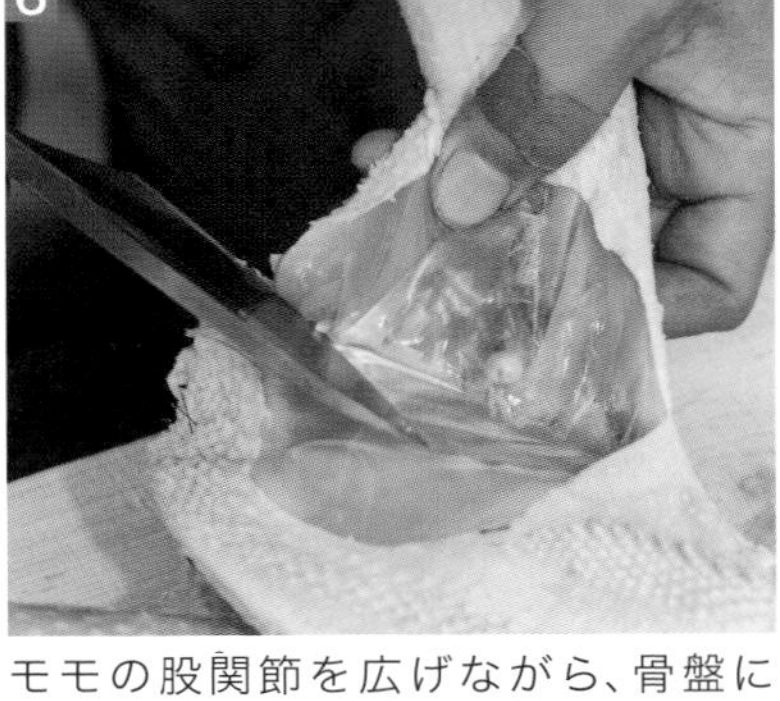

モモの股関節を広げながら、骨盤に沿って付け根の肉とスジを切るⓉ

ムネとササミをとる

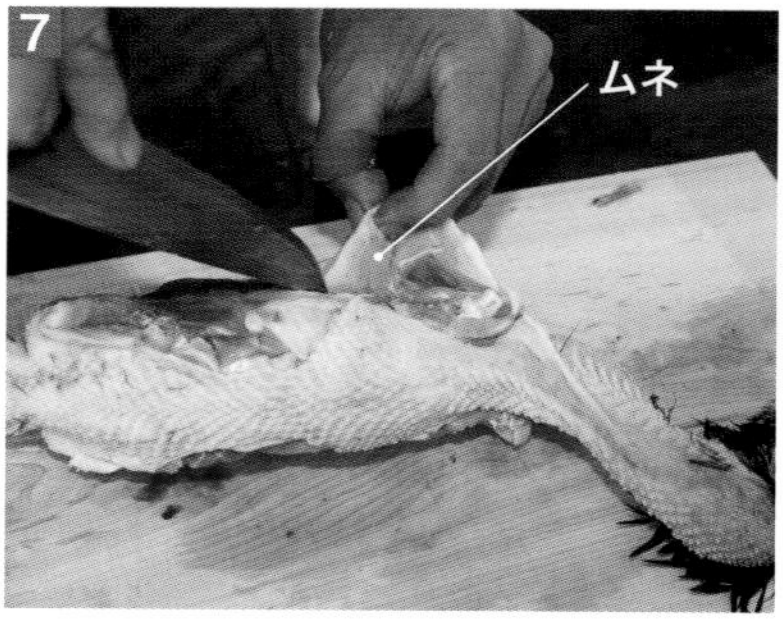

さきほど手羽をはずした切れ目に人差し指を入れつつ、骨にくっついているスジを切ってムネをはずすⓉ

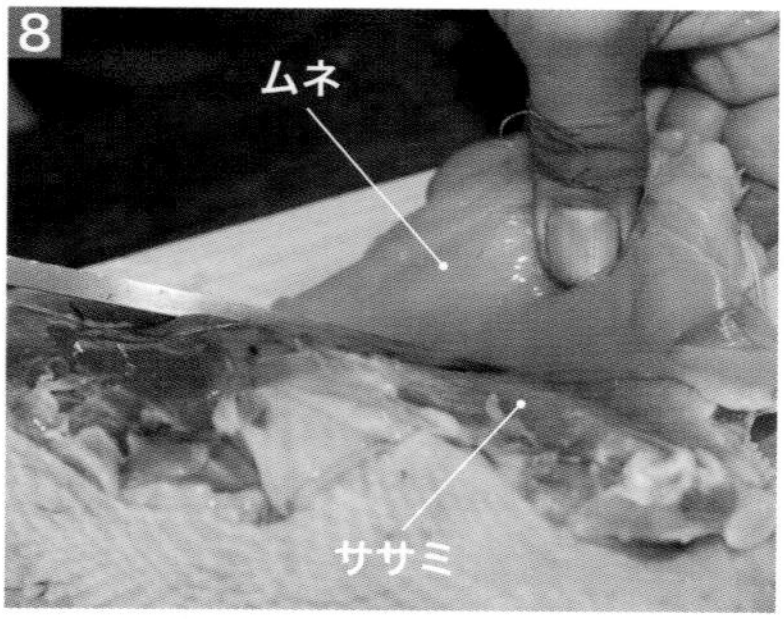

7のアップ。ムネ肉の内側についているササミもスジに沿って切ってはがすⓉ

頭を落とす

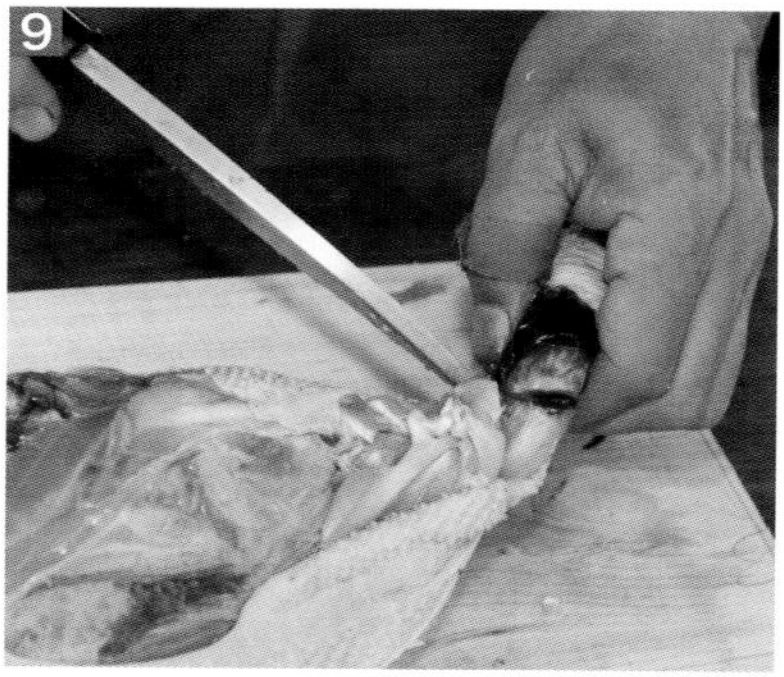

胴と首の付け根の皮に切れ目を一周入れるⓉ

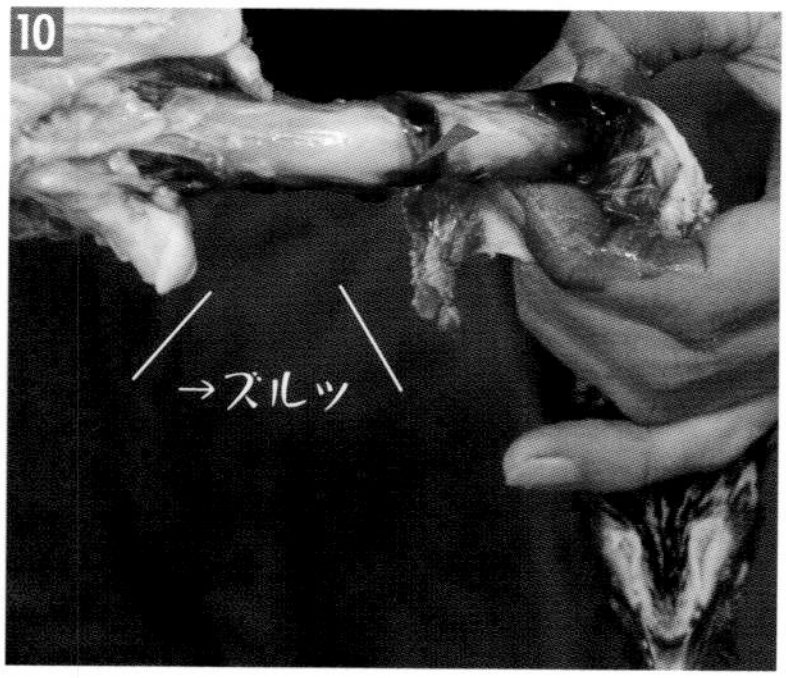

首より上に血糊になって血がたまっている。首の皮を手でズルッとむくと、(首との関節が外れて)頭ごと抜けるⓉ

内臓を取り出す

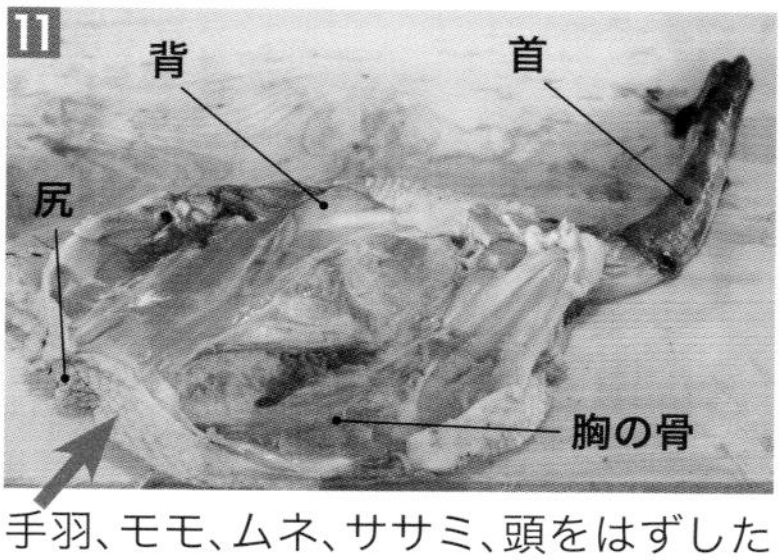

手羽、モモ、ムネ、ササミ、頭をはずした状態Ⓣ

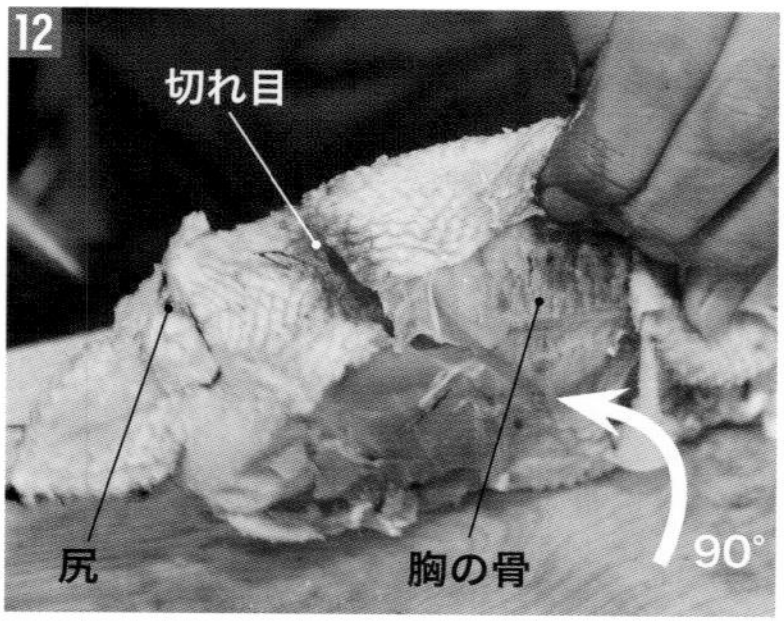

11を90度起こして尻の方向から見た状態。胸の骨の上に切れ目(11の矢印部分)を入れるⓉ

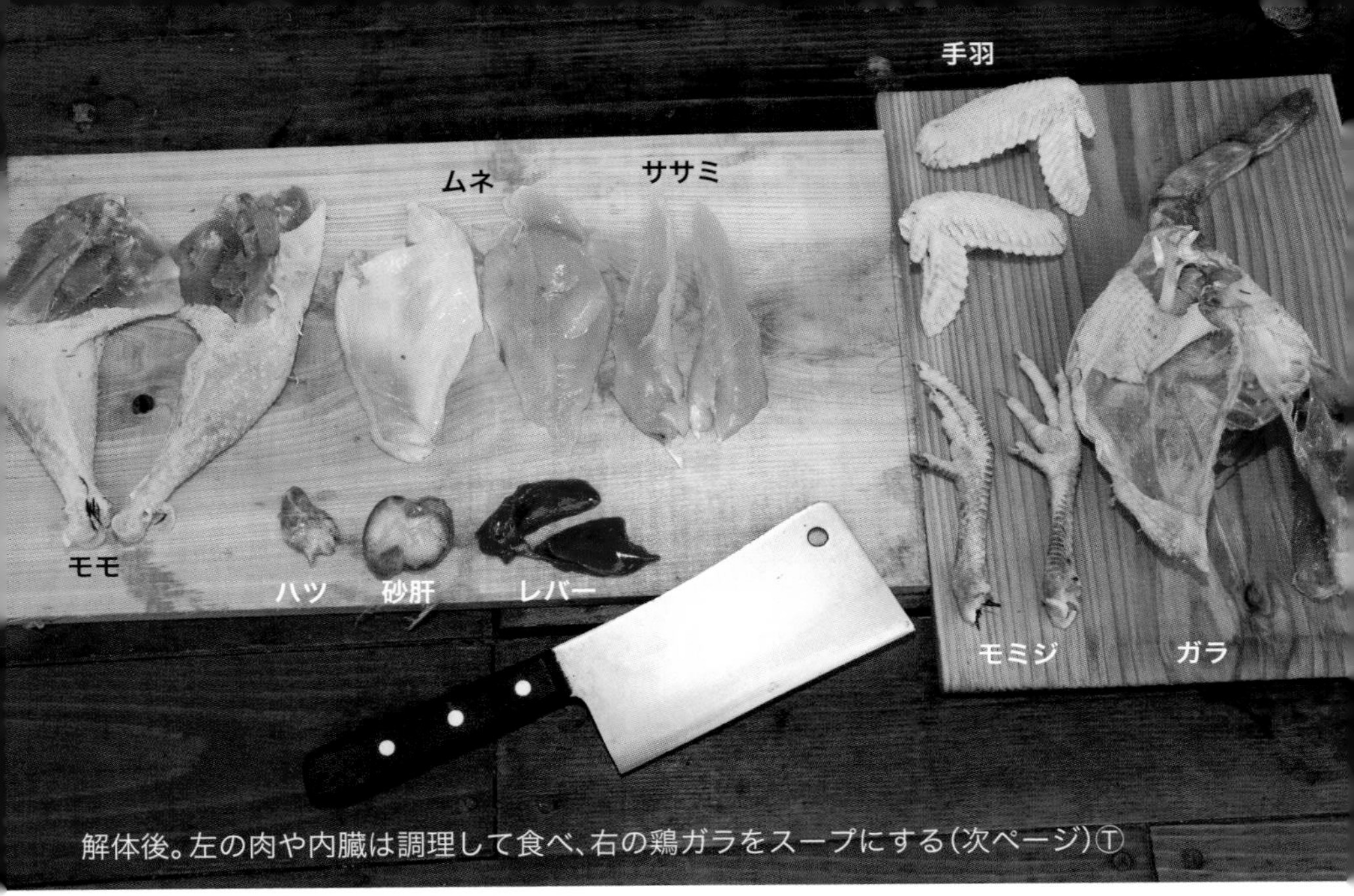

解体後。左の肉や内臓は調理して食べ、右の鶏ガラをスープにする（次ページ）Ⓣ

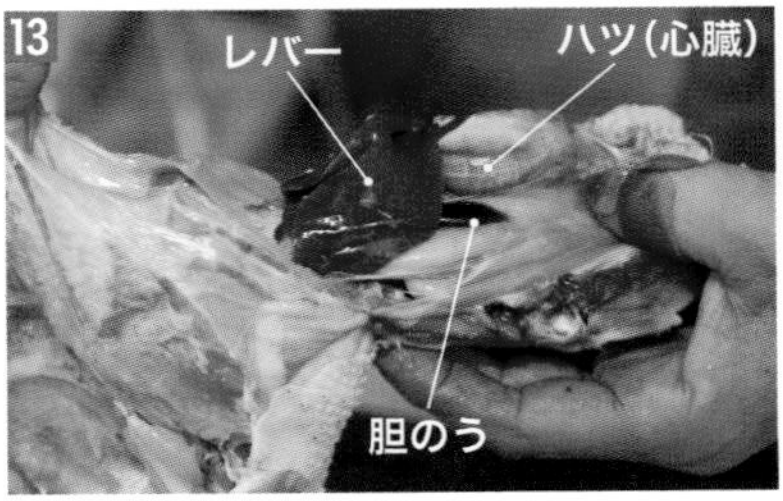

切れ目に両手の親指を入れて、胸を手で割り開き、内臓を取り出す（胆のうはつぶさないように注意して捨てる）Ⓣ

取り出した内臓。今回、いじめられて卵を産んでいない鶏をさばいたので、卵巣がなかったⓉ

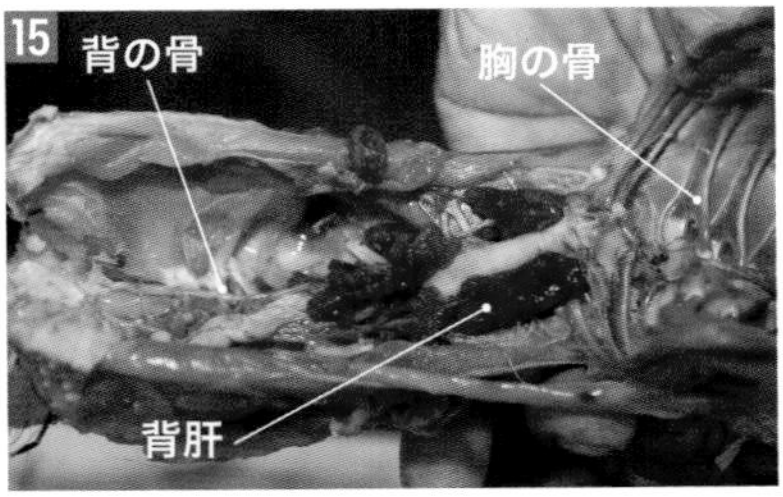

最後に、背の骨にくっついている背肝（腎臓）も手でかきだすⓉ

100%自家製
鶏ガラスープ

➡自家用のスープは、鶏ガラのみで煮込む。今回さばいた500g分のガラに、冷凍保存しておいたものも加えて約2kgの鶏ガラ。2.5ℓの水を加えて2時間煮込み、2ℓのスープを濾しとったⓉ

⬆完成した鶏ガラスープ。地鶏を使ったこだわりラーメンの店でも、たいていは若鶏のガラを使用する。こちらは成熟したヒネ鶏のガラなので、旨みがぜんぜん違うⓉ

⬇しょう油ベースのタレを加え、国産小麦100%の麺(購入)と自家製チャーシュー(豚肉は購入)入りの極旨ラーメン。さっぱりとした鶏の脂が体にしみるⓉ

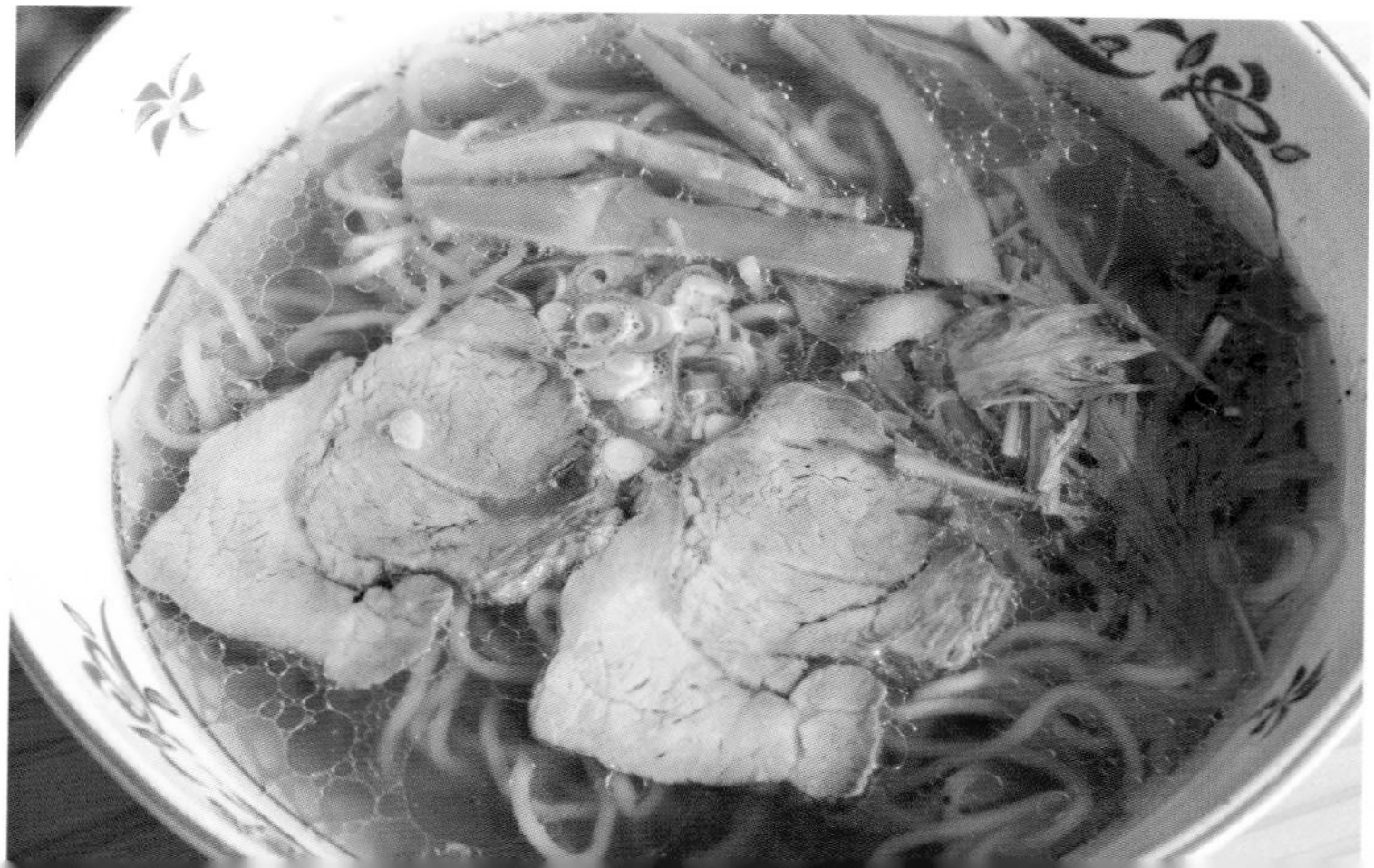

あ〜、幸せ！

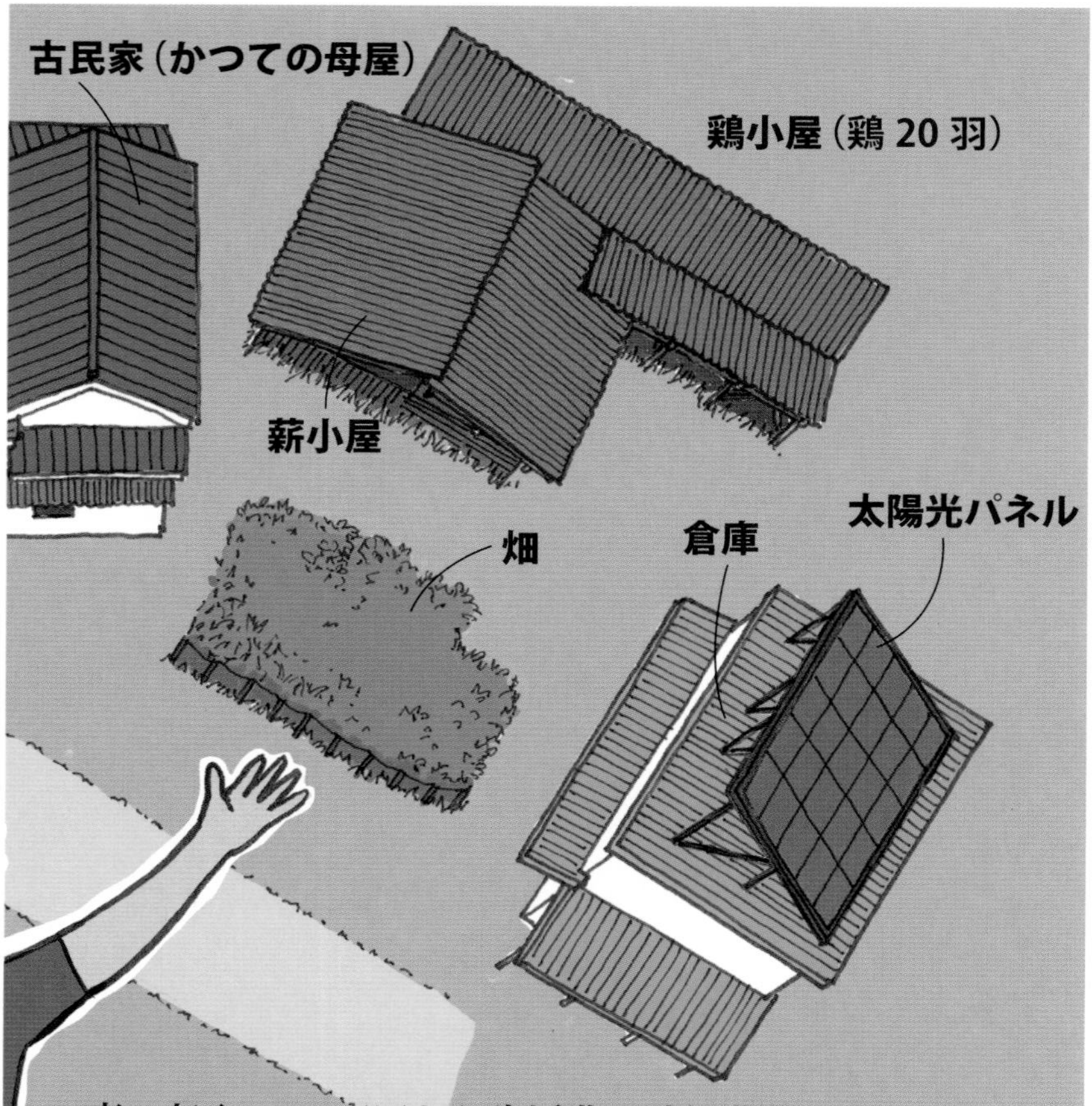

妻の収入 450 万円から生活費＋諸経費を
差し引いて年に 200 万円通帳に残る

諸経費

養鶏のエサ代▶年間 1 万円（魚粉と足りないときのクズ米）
作物栽培にかかる経費▶年間 1万円
光熱費▶年間 8万4000円

［電気代・《月額 7000円＋8000円（200V用）
　−1万3000円（売電分）＝2000円》×12＝2万4000円
ガス代・月額 3000円×12＝3万6000円
水道代・月額 2000円×12＝2万4000円］

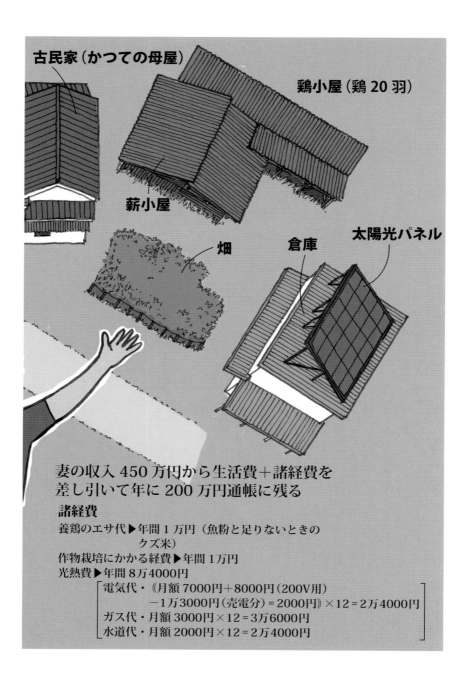

我が家の暮らしの概要

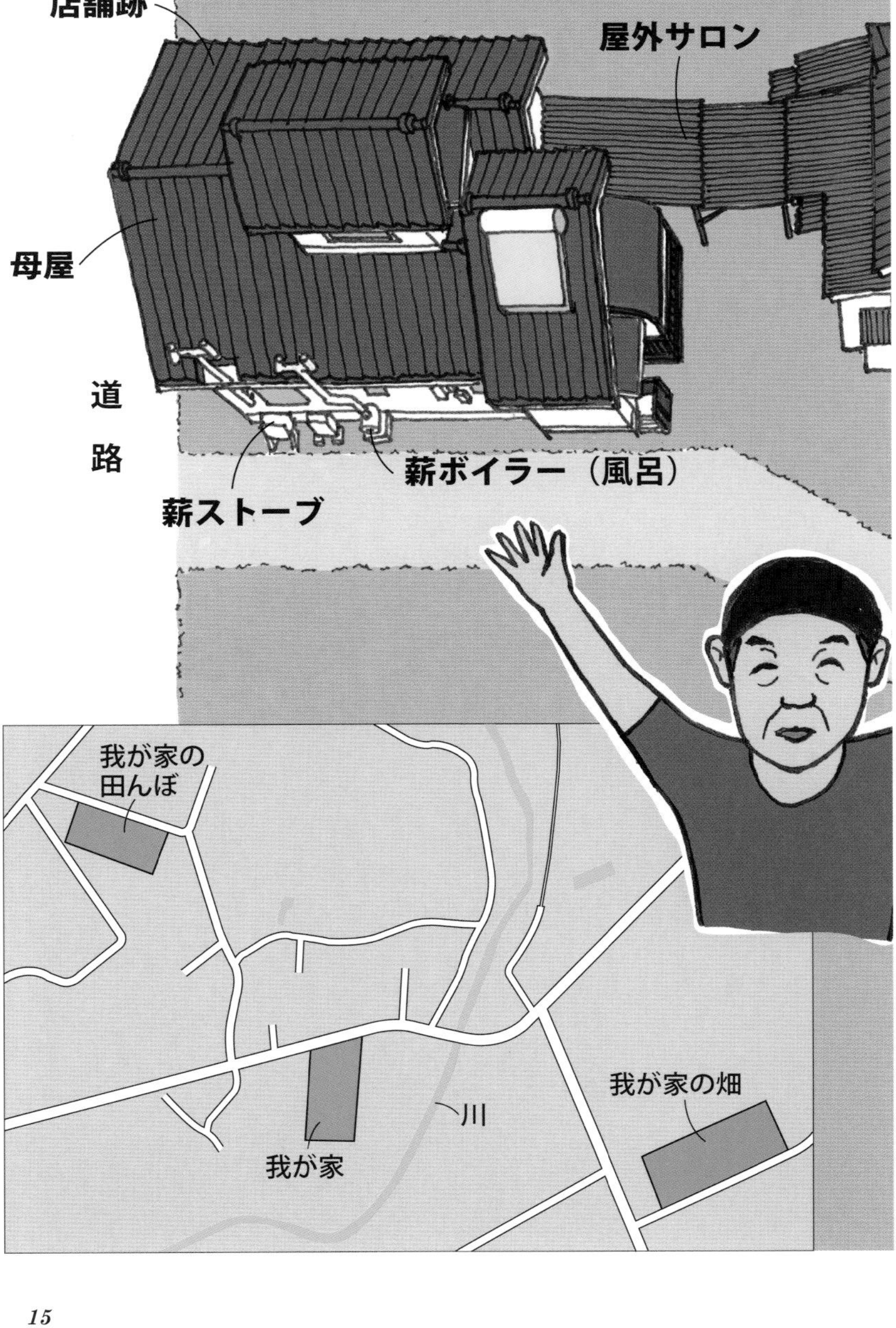
店舗跡
屋外サロン
母屋
道
路
薪ボイラー（風呂）
薪ストーブ
我が家の
田んぼ
我が家の畑
川
我が家

第1章

私の贅沢は
自分で作って
おいしく食べる
暮らし

1 自給暮らしが育んだこだわりの味覚

エサなのか食べ物なのか

今思えば、私は幼少の頃から脱サラする27歳まで、あまりよい食生活を送っていませんでした。

子どもの頃、両親が共働きでした。共働きは当時は珍しかったのですが、母親の料理は手抜きが多くなります。母は隣町の給食センターに勤めており、給食の残り物が夕飯でした。つまり、昼も夜も給食を食べていたのです。

私が通っていた学校の給食について、味の記憶はありません。当時は腹が満たされればよかったので、好き嫌いなく平らげていました。

ただ覚えているのは、おかずの容器は発泡のトレイ。それを先割れスプーンで食べていたのです。主食はパン。週に1度うどんの日があります。うどんの汁を発泡トレイに入れ、ビニールパックから麺を出して汁に入れ、先割れスプーンで食べるのです。

今そんな食べ方をすれば人権侵害といわれるかもしれません。「食べる」ということは、文化でもあり、どんな食器を使うのかも重要です。それによって味も変わってくるからです。

別に高級なものがよいというわけではありません。たとえばバナナの葉にインドカレーを盛って、フォークもスプーンも使わずに手で食べるのは、ある意味贅沢です。それに比べて、発泡トレイと先割れスプーン。そして、ひじきの煮物に食パン。豆腐の炒め物にコッペパン。今さら恨み辛みを言うつもりはありませんが、こうして思い出して書き出してみると、感想の言葉も出てきません。

学校が終わると他人の家に帰りました。夕方、母親が迎えに来るまで他人の家で過ごし、おやつをもらったりしていたのです。低学年のうちはしょうがなかったのですが、４年生くらいになると他人の家に帰るのが嫌になり、鍵っ子になりました。腹が減ったら自分でインスタントラーメンを調理して食べていました。

インスタントラーメンは食事のメニューとしても食卓に上がりました。母はインスタントラーメンすら作るのが下手で、お湯の分量を適当にしてまずいラーメンを作っていました。私が味について文句を言うと逆ギレされました。

近所の友だちのお母さんからは、「給食を作っているのだから、料理もうまいのでしょう」と言われていましたが、友だちの家でもらう手作りのおやつがおいしくてうらやましかったのを覚えています。

駄菓子屋で買って食べていたものも、今思い出すと強烈でした。透明の太いストローに入った味付きの寒天は、赤や緑や黄の色をしていて常温で陳列されていました。味の付いた「紙」も売っていました。紙に砂糖とハッカの味がしみこんでいて、それを食べて味をすって、味のなくなった紙をはき出すのです。

景品にもずいぶんつられました。スーパーカーの下敷きが当たるくじがキャップの裏に付いているペプシコーラ。当たりを引くために何本も飲んで、最後は道路にまいていました。甘い味付けの「仮面ライダースナック」は、食べたくて買ったのではありません。カード欲しさに買うのです。ひどい友だちは20袋も買って、一つも食べずに公園のベンチの下に捨てていました。

当時は外国の食文化も満足な形で入ってきていませんでした。家で食べていた「スパゲッティ」は、真空パックに入ったゆで麺をフライパンで炒めながらほぐし、付属の粉のケチャップで味を付けるというものです。ですから、高校生になって初めて食べたイタリアンレストランのマーレトマトスパゲッティ。化学調味料入りの缶詰のトマトを使ったものでしたが、そのときは、こんなおいしいスパゲッティが世の中にあるのか、と感動したのです。今では、自分でトマトを作り、そのトマトでパスタソースを作りますので、レストランのスパゲッティは食べられません。

就職して東京に転勤になってからは、独り暮らしで、料理をすることもありませんでした。朝は通勤途中でサンドイッチを買って会社で食べ、昼は会社の食堂。夜はスーパーかコンビニの弁当や総菜で晩酌、というパターンでした。

自然農場での「味」の衝撃

東京でサラリーマンをしていましたが、一生勤めるつもりはありませんでした。でも、他にやりたいことも見つからず、惰性で勤務していたのです。

25歳を過ぎた頃から、漠然と「田舎で自給的な暮らしがしたい」と思うようになり、どうすれば実現できるのか考えはじめ、情報を探しました。

坂根修という人が『脱サラ百姓のための過疎地入門』という本を出しており、消費者に宅配の野菜セットを販売することで生計を立てる方法が具体的に書いてありました。

これならできるかもしれないと思い立ち、しかしまったく農業の経験がないなかで、すぐに会社を辞める決心はつきません。そこで、農地が余っている田舎の祖母の家で週末を過ごしながら、様子を見ることにしました。土日に田舎で過ごして、月曜の朝に新幹線で会社に行きました。

それでもなかなか決断できない日々を過ごしていたある日、新聞の広告欄に目がとまりました。『百姓天国―元気な百姓達の手づくり本』という本のタイトルに何かを感じ、すぐに購入。読んでびっくりの元気がもらえる内容でした。出版元の地球百姓ネットワークの事務局は、どうやら石川県にある農場のようです。本作りのボランティアの募集があり、ワープロ入力の手伝いをすることからつきあいが始まり、それがきっかけで、この農場にお世話になることになったのです。

青白いサラリーマンが、ここの肉体労働に耐えられるか不安はありましたが、それを吹き飛ばすだけの魅力が農場の「食事」にありました。

農場は有機無農薬で米と野菜を作り、平飼いの養鶏も行なっていました。私は7月一杯で退職し、8月のお盆明けから農場に住み込みで働くことになりました。この頃は夏野菜真っ盛りの時期。毎日、早朝からナスとピーマンをもぐのが日課でした。

それ以外にも、オクラ、トマト、キュウリなど多品種の露地野菜を作っており、当然のことながら、はね出し（商品にならないこと）の野菜は食べ放題です。そのときに作ってもらった野菜のマリネ。本当に箸が止まらなかったのを覚えています。

農場で食事をしていると、野菜の味が違うことに気づきました。見た目が同じでも味がまったく違うということは、衝撃の体験でした。有機無農薬で、土作りにも時間と手間をかけて作る作物は、本当に味が違うのです。今では当たり前のこととして受け入れていますが、そのときは生まれて初めての体験だったのです。

農場では玄米を主食にしていました。玄米というものの存在すら知らなかった私。圧力鍋で軟らかく炊く無農薬の玄米のうまさにも衝撃を受けました。

肉体労働でたっぷり汗を流した後の腹ぺこの状態で、この食材。食べることが幸せなんだということを生まれて初めて体験したのかもしれません。宮沢賢治の世界と違うのは「味噌と少しの野菜」ではなく、食べ放題の野菜をがつがつ胃袋に放り込んでいくことです。

こういう生活をしていて訪れたのが快便の日々でした。本当に紙で拭く必要もないくらいの切れのよい大便が気持ちよく出るのです。

私は生来胃腸が弱く、サラリーマン時代もしょっちゅう下痢をしていました。考えてみれば築30年のビルの恐ろしくまずい水道水をはじめ、農薬・添加物まみれの食事で体が喜ぶはずがなかったのです。

自然養鶏との出会い

平飼い養鶏の自然卵も食べ放題でした。販売用の製品には手を出せませんが、殻がかけたり大きさがそろっていなかったりするはね出しの卵が結構出ます。中身は同じですので、贅沢に使いました。この農場では、養鶏を始めてまだ日が浅く、私が入植した後に初めてのローテーションを迎えることになりました。

ローテーションというのは、年をとって産卵率が落ちた鶏を処分して、新たに雛を入れることです。一般的には産卵が始まってから1年半から2年程度で入れ替えをします。つまり2歳から3歳程度でお役御免ということです。

これは、どんな自然養鶏でも、卵を販売している以上はエサの原価と効率が問題になるので、避けて通れないのです。

一般的には業者に依頼して処分してもらうのですが、この農場の方針として、自分たちで絞めることになっていました。入植したばかりの私も、それを一緒にやるように言われたのですが、さすがに気が重かったのを覚えています。

本書で紹介しているように（8頁）、今ではプロレベルで鶏をさばきます。昨年もある農場に呼ばれて講習会をしてきました。

当時は農場のメンバー全員が初めてのことだったので、試行錯誤しながら鶏をさばいていきました。当然、さばいた鶏は自分たちで食べるのですが、最初は肉だけとって、鶏ガラを捨てていたのです。

あるとき、それを知った地元の料理人に「お前ら、なんてもったいないことをしてるんだ。それから一番うまいスープがとれるのじゃないか」と指摘され、初めて「鶏ガラスープ」をとりました。その経験が、その後、群馬でラーメン屋を開く最初のきっかけだったのです。

農場レストランで身に付けた知識と技

農場では、自前の米や野菜、卵を使った自然食レストランを経営していました。まだオープンして1年もたっていなかったのですが、そこに欠員が生じ、私にその穴埋めの話がまわってきたのです。

これだけおいしい食材をふんだんに使って料理をすることに、非常に興味を持ちました。当然、最初は皿洗いなどの雑用からでしたが、料理がおもしろくなり、どんどんのめり込んでいきました。

その頃、マンガの「美味しんぼ」が流行っていました。東京時代から読んではいたのですが、「蘊蓄《うんちく》のネタもの」という感じで受け取っていたのです。しかし、食の現場で日々働きながら読むと、体の芯から納得できる内容であることが理解できたのです。

特に参考になったのが調味料についてです。しょう油、味噌、みりん、酢など伝統的な発酵調味料。しかし、大手メーカーのものは促成発酵で大量生産したり、「みりん風味」という本当のみりんではないものだったりします。

当然、農場レストランでは調味料にもこだわり、伝統的な製法でしっかりした味の調味料を使っていました。地元産であったり、自然食の問屋から仕入れたり、さまざまなルートでよい調味料を調達していました。

いくらおいしい食材を使っていても、調味料がだめなら料理は台なしです。スーパーにはほとんど売っていない本物の調味料を選びます。どんなメーカーの何がいいのか。それを知ることができたのは大きな成果でした。

自然農場のレストランで働くことで、地元の料理人の方々とも交流を持つことができ、多くのことを学びました。有り金を全部使って食べ歩きをしたのは、自分に対する投資です。石川で魚料理を覚えたのも、後々大変役に立ちました。

約3年の期間でしたが、かなり密度の濃い時間を過ごし、予想を超える経験をすることができました。

群馬に帰る

群馬に帰ってからは、料理屋を開店することを目標に、鶏舎、田んぼ、畑を整備していきました。養蚕の名残《なごり》で桑畑があったのですが、それをすべて伐根し、耕作面積を確保しました。

今も昔も、自然食や有機無農薬栽培などに価値を見いだしている人は少数です。自給生活といえども、肉や魚、豆腐などの加工品など賄いきれないものは購入しなければなりません。

そのなかでも、できるだけ、国産・無添加・無投薬・有機栽培などの条件を満たすおいしくて体によい食べ物を手に入れることで、食生活を豊かにすることができます。これらのものはいつどこで手に入るのか、それを探してネットワークを築いていくことが、豊かな自給生活には必要なのです。

無投薬の養豚家、減農薬・生イモのコンニャク生産者、国産ダイズの豆腐屋、自然酒を扱っている酒屋……。いろいろな方と知り合いになりました。同じような平飼いをしている養鶏家も、肉の調達先として重宝しました。産卵率の落ちた鶏を無料で何十羽ももらえるのです。

家から車でちょうど30分のところに小さなマヨネーズ工場があります。この松田マヨネーズは、平飼いの自然卵を使用し、塩や油、その他の調味料も徹底的にこだわった製品を作っています。

創業者の松田優正さん（故人）は、東京の練馬で自然食品店を営んでいました。そこで仕入れた卵（自然卵）が売れ残ることに頭を痛めていました。チャレンジ精神の塊である松田さんは、この余った卵が無駄にならないようにマヨネーズの試作を始めたのです。

試行錯誤の末、納得のいくマヨネーズができ上がります。さらに、松田さんはかねてからの思い「主食の米・麦・ダイズを自給するべき」を実現するために、埼玉県の神泉村（現神川町）にマヨネーズ工場を建設し、自身もそこに移り住んで、自給農を始めたのです。

私が群馬に移り住んでまもなく、松田さんと知り合い、その後、長きにわたって懇意にしていただいたのは幸運なことでした。自給生活のノウハウをお互い切磋琢磨し、成長させていただきました。特に幻のダイズの種を譲っていただいたことで、豊かな食生活を加速することができました。

松田さん以外にも、ほんの数名「自給生活の友人」がいますが、この存在は大変貴重です。家庭菜園や定年就農で作物を作っている人も近所にはいますが、農薬や肥料の考え方は違うようです。私の友人たる自給生活者は、主食である米・麦・ダイズを無農薬で作り、粉を挽いてパンを焼き、味噌を仕込み、漬け物を作り……という共通の価値観があります。そのなかで、栽培に関する情報交換や種苗交換を行ない、うまくいかないときの相談相手にもなる頼もしい存在です。

自給仲間で隣町のSさんは、ハクサイやキャベツが

「巻かない」悩みを抱えていました。肥やしが足りないのはうすうすわかっていましたが、どんな肥やしをどのタイミングで与えるのか、わからなかったのです。

私は施肥の方法とともに、うちの鶏糞も提供しました。すべて国産のエサで、無投薬の自家鶏糞は、市販されているものとは質がまったく違います。このような良質な肥やしはなかなか手に入らないので、Ｓさんは大変喜んでくれました。毎年、鶏糞をタダであげているのですが、そのお礼にといって何十kgものクズ米を鶏のエサとしていただいています。

先日は、うちのダイズが初めて全滅しました。ついにハトに見つかって、芽が出たところを端からきれいに食べられてしまったのです。そのことをＳさんに話すと、簡単な防御法を教えてくれました。来年はそれで防いでみようと思っています。

また、私の畑の隣で有機農業をしている青年Ｈ君がいます。都会から来たＨ君は、私が窓口の役割をして受け入れたのです。彼は特に自給生活をしたいというわけではなく、有機農業で生計を立てています。野菜をたくさん作って販売しているので、はね出しなども結構出ます。それをお裾分けで家族や鶏の分ももらうことがあります。うちで収穫が少なかった野菜を、彼から購入することもたまにあります。

自給生活は、何が何でもすべて自給するというのではなく、このように融通してもらえる隣人がいることで、余裕のある暮らしができます。不作の作物はその年は食べなくてもいい、という考え方もありますが、互助的な隣人がいることも重要です。

自給生活の未来

いよいよもって、私のような自給生活者は絶滅危惧種となりつつあります。田舎で農業をしている人でも、単品種を換金作物として作り、米や野菜を買って生活しています。

先日、ある野菜農家が、田んぼで米を作っているというので、どのように作っているのか尋ねたところ、稲作業者に田植えとイネ刈りを頼んでいるということでした。本人はその間の水の管理をしているだけなのです。当然、業者には経費を支払っているのですが、これで本当に「自分の田んぼで米を作っている」と言えるのでしょうか。自分（が所有している）田んぼで（業者が）米を作っている、と解釈すれば間違いではないかもしれませんが。

大正バブルで都市生活者が困窮しているときでも、自給生活をしていた田舎では、一体都会で何が起こっていたのか知ることもなかったでしょう。田舎の自給生活圏は、インフレや恐慌に左右されない巨大なセイフティネットだったのです。

それが一切なくなってしまった今、アフターコロナの世界はどんな未来になるのでしょうか。

理屈はさておき、少数派であろうがなんであろうが、私は今日も季節に身をゆだね、おいしく楽しい生活を送っており、この生活がこのまま続くことだけは変わらないことでしょう。

2 格安コスト養鶏で高級卵が食べ放題

高く売れる平飼い卵

小規模有機農業に平飼い養鶏を取り入れると、良質な肥料（鶏糞）が得られるとともに、卵の販売によって一年中収入が得られるというメリットがある。そう提唱したのは、『自然卵養鶏法』（農文協）の著者、中島正氏です。また、大型動物に比べて鶏は扱いがラクで、あくまで自家用に限りますが、特別な設備がなくても絞めることができます（8頁）。私も約25年前、新規就農と同時に平飼い養鶏を始めました。

飼育するのは約20羽のネラ種。奥に見えるのが雄で、卵は有精卵（田中康弘撮影、以下Ⓣも）

大規模ウインドウレス養鶏と差別化することで、平飼い養鶏の卵は高く売れるのも特徴です。まず、平飼いの鶏舎は四面開放で風通しがいい、1坪10羽程度で鶏が元気に走り回れる広々とした環境、鶏の食性を考えた自家配合（発酵）飼料、ビタミン補給のため緑餌もたっぷり与える。

このように飼育することで、安全安心な卵を適正（市販の卵より高い）価格で販売する、という戦略です。スーパーの特売チラシを見ると、卵が10個１００円で売られていることもあります。ブランド卵を含めても1個平均22円です。

一方、近隣の直売所で見かける平飼いの卵は1個35～40円くらいです。私は自宅で10個４２０円で販売していますが、地域によっては同５００～１０００円という値段で売っている人もいます。

鶏のエサは高い

鶏は雑食で、人の食事とよく似ています。米や麦（穀物）、肉や魚（動物性タンパク）、野菜（ビタミン）などが必要です。しかし、人と同じものを与えたのではとんでもない「食費」になってしまいます。そこで、人が廃棄する米ヌカやおからやクズ米（麦）などを利用することになりますが、それにしても大量に必要です。調べてみると、江戸時代は卵1個が今の時代で考えると４００円という価値だったようです。国内で調達できるエサでは大量に飼育できず、それくらい貴重なものだったのでしょう。

今、鶏の大量飼育を可能にしているのが輸入トウモロコシです。海外では農薬と機械のおかげでトウモロコシを大量に安く生産でき、それをエサにするため、卵の値段も安く抑えられたわけです。

しかし、輸入トウモロコシにはポストハーベスト（収穫後）農薬や遺伝子組み換えの問題もあります。そうした安全性の問題だけでなく、エサの質が悪ければ味も左右されます。

また、動物性タンパク質としては「魚粉」が多く使われるのですが、こちらには酸化防止剤の「エトキシキン」が添加されています。これは、発ガン性の問題

色素を与えない自然卵の黄身はレモン色。卵かけご飯は絶品Ⓣ

だしで味付けした卵巻きは毎日食べても飽きない、子どもたちの大好物

などから、人間の食べ物への添加は禁止されている酸化防止剤です。できればこういうものは使いたくない、というのが良心的な養鶏家の心情です。そこで、エトキシキン無添加の国産魚粉を使用したり、輸入トウモロコシを使わず、国産の麦や飼料米を使ったりする平飼い養鶏家が増えています。

格安コスト養鶏で高級卵が食べ放題Ⓣ

以前、中国産のおからから国産のものに変更したところ肉がおいしくなった経験から国産を使用している。

b）酸化防止剤（エトキシキン）無添加の動物タンパク（魚粉）を使う。

c）トウモロコシは不使用。米ヌカを使用。遺伝子組み換えやポストハーベスト農薬の問題があるから。

エサの量は、上記のおから・魚粉・米ヌカを合わせて1日100g（1羽当たり）程度。

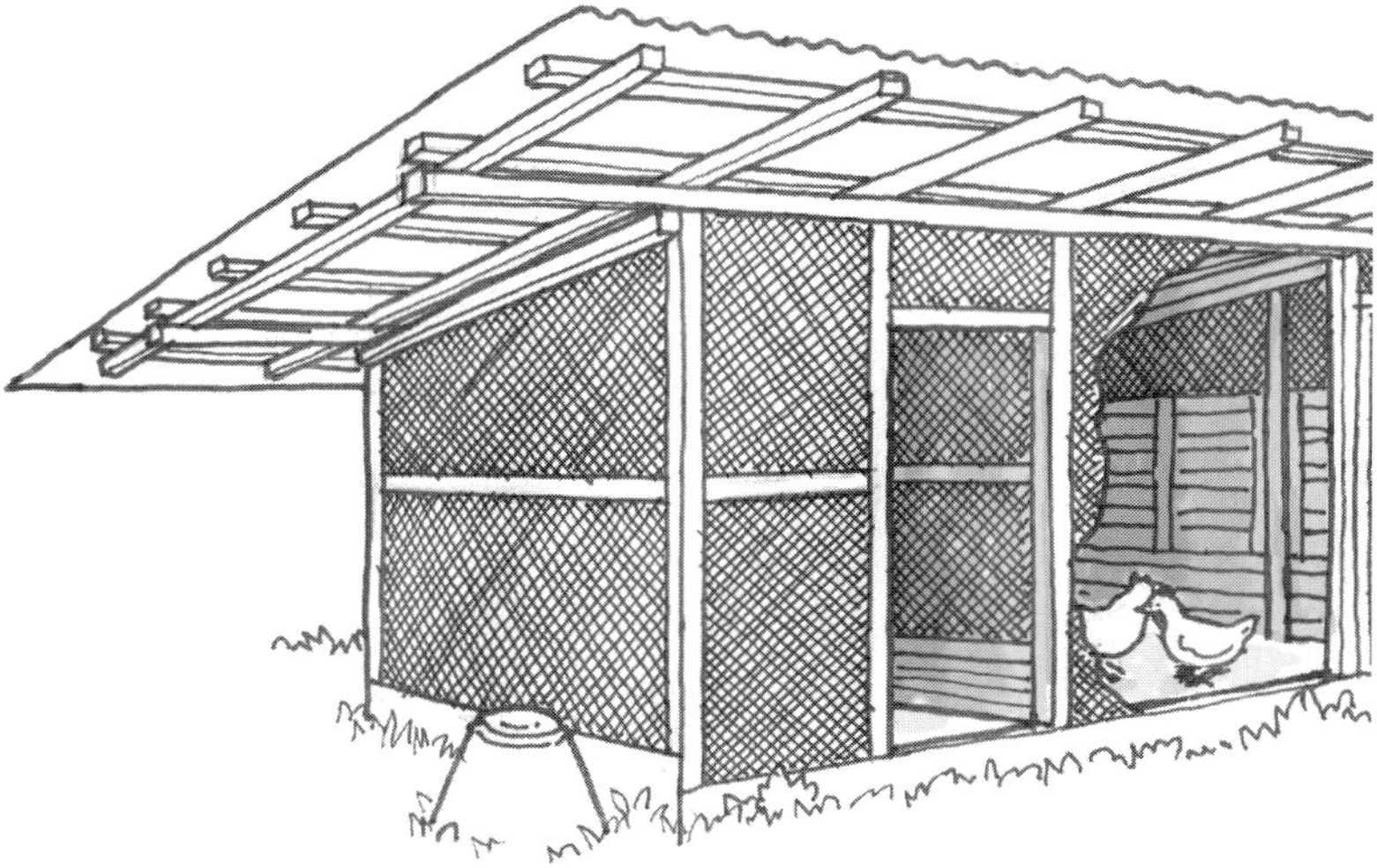

●養鶏のポイント

私の養鶏は、中島正著『自然卵養鶏法』に則り、下記の点をポイントにしている。

①発酵飼料（下記のおから・米ヌカを混ぜておくだけで発酵する）

②緑餌多投

③坪当たり10羽以下の広々とした鶏舎

そして、エサの内容は下記のこだわりを実践している。

a）国産ダイズのおからを使う。

おすすめの鶏料理

廃鶏の肉はかつて「かしわ」と呼ばれていました。ブロイラーなどの若鶏の肉に比べると固くて噛み応えがあります。市販の鶏肉に慣れてしまった現代人は、廃鶏を手に入れても「料理方法がわからない」ということで敬遠したので、廃鶏はほとんど流通しなくなりました。しかし、よいエサで健康的に飼われた鶏の肉は、旨みがありよい香りがします。

●地鶏モモ焼き

宮崎県の郷土料理。皮付きのモモ肉を塩・コショウを振って焼くだけ。本場では一口大に切ってから網の上で転がすように焼きますが、手間がかかりコツがいります。我が家では、3～4本の切り目を入れ1枚の肉がつながった状態で裏表を焼き、焼き上がってから一口大にカットします。

●焼き鳥

定番の鶏料理です。固い廃鶏の肉は、一口大にカットすることで食べやすくなります。さばいた鶏の肉と内臓のすべてを「焼き鳥」で食べることができます。七輪で炭火で焼きますが、金串に刺すことで串を焦がすことなく焼くことができます。味付けは塩・コショウ。間にネギを刺すと本格的になります。

クズ米やラーメンのスープでエサ代は格安

かくいう私も最初は輸入トウモロコシと魚粉を使用していました。業者に電話すれば配達してくれるのでラクだったし、当時は無知で、先ほど紹介したような問題を知らずにいました。

しばらくして、まずはトウモロコシをやめることができました。国産ダイズを使う豆腐屋からもらうおから、小さな米屋さんからは米ヌカ、知り合いからはクズ米をもらい、さらに今ではエサ用に小麦を栽培しています。

そして11年前、ラーメン屋を開店することで、魚粉もやめることができました。ラーメンスープの材料は、平飼いの廃鶏（丸鶏）、豚骨、煮干し、昆布などです。昆布以外のだしガラは動物性タンパクです。豚骨の周りにも肉やゼラチンが結構付いています。さらにお客さんが残したスープ。ここにすべてのエキスが入っているのです。うちのラーメンスープは化学調味料無添加で、高級な塩やしょう油を使った、原価のかかったスープです。完食する人も多いのですが、それでも結構残ります。スープをエサに混ぜるようになってから、鶏のトサカの色がよくなり、卵もおいしくなりました。

格安コスト養鶏が完成したのです。ほぼ自家用の小規模養鶏だからこそ実現したのであり、非常に高い品質の卵がタダでふんだんに食べられるのは本当に贅沢なことです。

害獣の肉や骨で格安コスト養鶏続行

ラーメン店は２０１８年12月に閉店しました。大量にだしをとったりスープが残ったりすることはなくなったので、今は代わりに駆除されたシカやイノシシの肉を与えています。１頭丸ごとでもらったり骨付きの塊肉をもらったりしますが、骨ごと煮込むことで、骨髄のエキスや関節のコラーゲンなどもいいエサになります。

いずれもタダでもらえるので、我が家の格安コスト養鶏は無事に続いています。

3 自分で育てる野菜のおいしさ

わざわざお金を出してまずいものを買おうという人はまずいないと思います。

無農薬有機栽培、良質な肥料による土作りで食糧自給をしていると、ほとんどタダに近いコストで、ものすごくおいしい野菜が手に入ります。コストがかかったとしてもわずかな種代・苗代とトラクターなどの油代のみ。手間はかかりますが、自分で作れることがわかってしまうと、それをやらずにお金を使っておいしくない野菜を買うことがばかばかしくなります。

何かのきっかけで一つの野菜を作らなかった年があったとして、しょうがないのでその年は買って食べるのですが、やっぱり作ればよかったと後悔して、翌年から再開する、などということがよくありました。体が動くうちは自分で作って食べたほうが幸せになれます。

米・麦・ダイズについては以下の項で紹介します。本項では、それ以外の野菜の自給について紹介していきます。

1年間の栽培スケジュール

長い期間自給生活をしてきたなかで、できるものとできないものがわかってきて、年間の栽培スケジュールが大体固定されてきました。

できないものとは、一般的に栽培が難しいものと、自分には向いていないものとがあります。また、手間がかかる割には市販品と品質が変わらないものは、割り切って作るのをやめて購入しています。代表的なものは原木シイタケです。たまたま薪の調達のときにナラやクヌギが手に入り、菌を植えて数年間自給しまし

我が家の野菜の栽培スケジュール

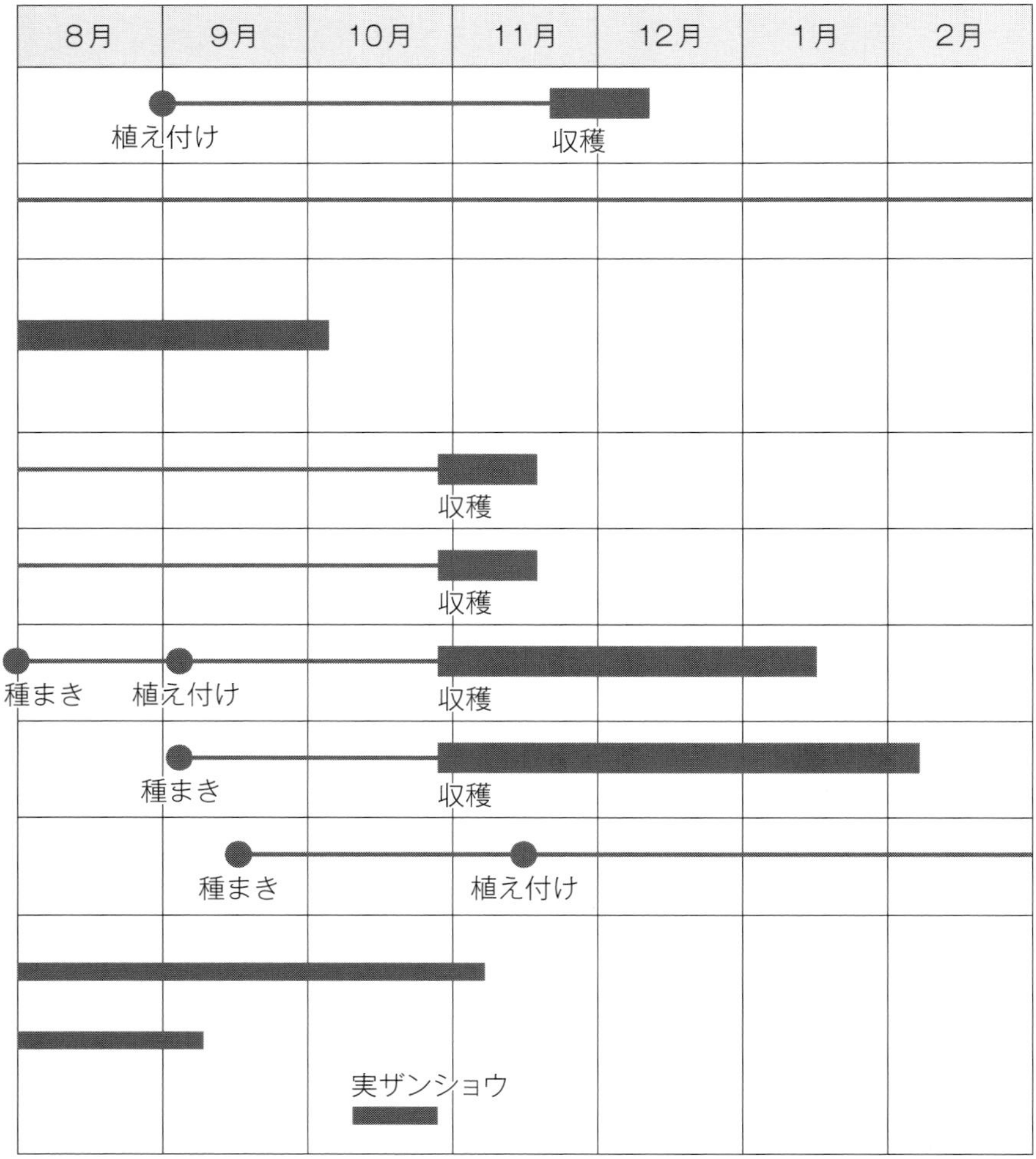

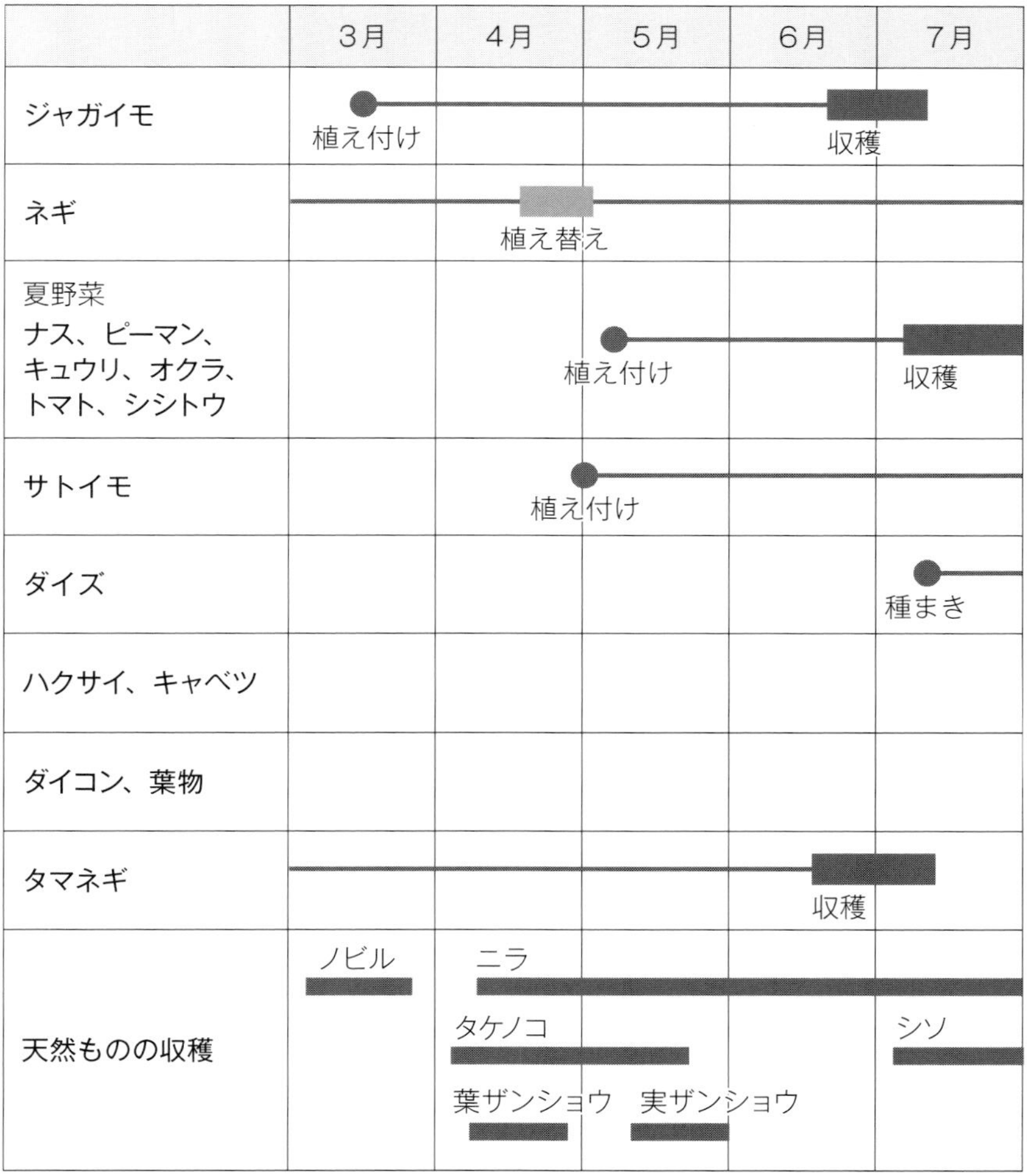
3月
4月
5月
6月
7月
ジャガイモ
植え付け
収穫
ネギ
植え替え
夏野菜
ナス、ピーマン、
キュウリ、オクラ、
トマト、シシトウ
植え付け
収穫
サトイモ
植え付け
ダイズ
種まき
ハクサイ、キャベツ
ダイコン、葉物
タマネギ
収穫
天然ものの収穫
ノビル
ニラ
タケノコ
シソ
葉ザンショウ
実ザンショウ

た。しかしその後、カシの木で試したが失敗に終わり、以降、作るのはやめたのです。当地では原木のシイタケが手頃な値段で手に入ります。

畑の1年は3月のジャガイモの植え付けから始まります。その前に草を片付けて肥料をまき、トラクタで耕します。

4月の中旬になるとタケノコが出てくるので、毎日見回りをして収穫します。

同じ頃、ネギの植え替えを行ないます。ネギは株で増えていく種類なので、前の年に作ったものを2本ずつに分けて新しい場所に植えて増やしていくのです。

4月の下旬から5月の初めにかけて、サトイモ、ショウガ、コンニャクを植え付けます。

ゴールデンウィークには、夏野菜の苗を買って植えます。ナス、ピーマン、キュウリ、オクラ、トマト、シシトウなどです。同じ時期にラッカセイ、トウモロコシ、インゲンの種をまきます。サツマイモの苗を植えるのもこの頃です。

5月の下旬にはゴマの種をまきます。

7月10日前後、ダイズ、クロマメ、アズキをまきます。この辺りから草との戦いが本格化します。

7月20日頃にはつるのインゲンをまきます。

8月1日頃にはポットにハクサイ、キャベツの種をまいて苗を育てます。

9月1日頃にジャガイモを植え付けます。ジャガイモは春と秋と年2回作ります。

9月5日頃、ハクサイとキャベツの苗を植え付けます。冬野菜の種まきは、ダイコン、ミズナ、ホウレンソウ、シュンギク、ツミナなど。

9月15日頃にタマネギの種まきをして苗を育てます。

10月上旬、ニンニクとラッキョウを植え付けます。

10月下旬、グリーンピースをまきます。

11月中旬、麦まきとタマネギの苗の植え付けを行ないます。

主な野菜の収穫と管理

〈ジャガイモ〉

ジャガイモで作っている品種は「アンデスレッド」

「出島」「男爵」です。すべて自家採種で作るので、種イモを買うことは一切ありません。

立派なイモを作るコツは、肥やしをたっぷりやることです。元肥に鶏糞か液肥を10a当たり500kg～1t施し、さらに株間に追肥の分の鶏糞を1カ所当たり両手一すくい分埋め込んでいます。

収穫後は大きなイモは食用にし、小粒のイモを翌年の種イモにします。小イモは腐る確率が低いので保存に有利です。モミガラの中に入れ、夏場は涼しいところ、冬場は凍みない場所に保存します。小粒の種イモでも立派なイモができます。

種イモは1年後に植えます。つまり、春に植えたジャガイモから採った種イモは翌年の春植えに回します。秋ジャガは翌年の秋植え用にします。途中で芽かきをします。最初の種イモは直売所で農家が作っている食用のイモを買って植えると、種イモを買うより安く手に入ります。

〈サトイモ〉

サトイモも自家採種で作っています。芽が出るのが遅く、栽培期間も長いので、何回か草取りが必要です。また、乾燥に弱いので敷きワラをして保湿します。途中で液肥を1株当たり約500ccを追加します。

収穫後はイモ頭からイモをはずして泥付きのまま室内で保管します。ジャガイモよりもデリケートで、保存に気を遣います。種イモにするイモはやや大きめのよいイモを選抜します。

種イモを買って作る場合は、年明けに直売所で食用のサトイモを購入しそれを種にすればOKです。農家の方が商品として、凍みないようカビないよう管理してくれているので手っ取り早いでしょう。

〈タマネギ〉

種を買って苗を作ります。11月に苗を植え替えるときは、ビニールマルチとビニールトンネルが必須です。当地では冬が寒く、トンネルをしないと苗が半分以上溶けてなくなってしまいます。

年明けから収穫までの間に2～3回、1株当たり約300ccの液肥を追肥します。また、マルチの穴から草が生えるので取り除きます。

野菜の自家採種を楽しむ

多品種の自家採種には手間や労力や気配りが必要なので、慣れるまで大変です。実際、アブラナ科の冬野菜（キャベツ、ハクサイ、ダイコン）は、種を買って作ればものすごく安くできるので、自家採種のメリットはほとんどありません。だから、我が家ではこれらはこの先も種を購入するでしょう。それでも、失敗をはねのけて一つずつ自家採種をクリアしていく喜びは大きく、もはや趣味の世界となりつつあります。

●自家採種の種類と保存方法

①熟した種を収穫するもの：ダイズ、ゴマ、ラッカセイなど

これらは、収穫したものの中から翌年の種を適量取り分けて、保存するだけです。

②種になるまで収穫を待つもの：インゲン、ツミナなど

種ができる前の状態を食べるので、種にするものを選んでおいて、熟成を待ちます。

③イモ類他：ジャガイモ、サトイモ、ニンニクなど

イモ類の保存が難しいのは、水分を多く含んでいるため、温度が低すぎると凍みてしまい、高温では腐ったりカビが生えたりする点です。家の中で温度変化の少ない場所を見つけて、泥付きのまま保存するか、モミガラなどに入れて保存します。

自家採種①

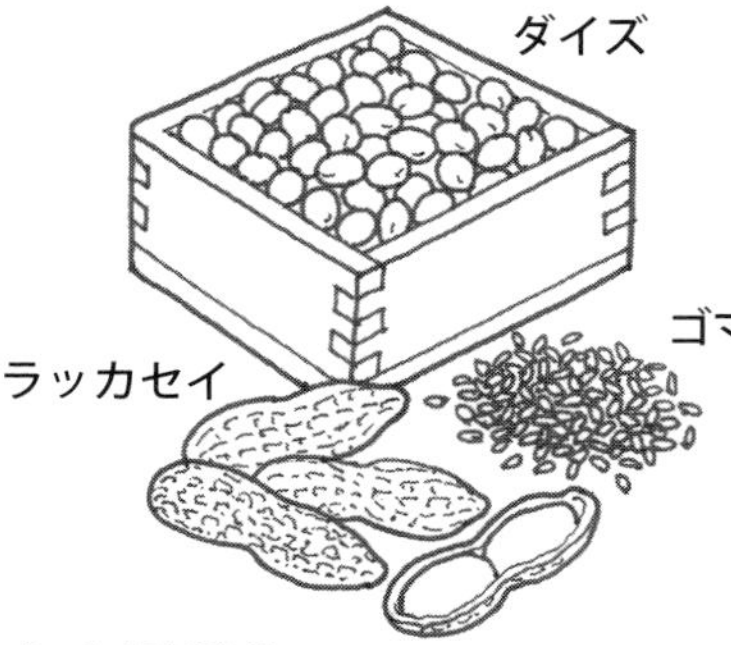

自家採種②

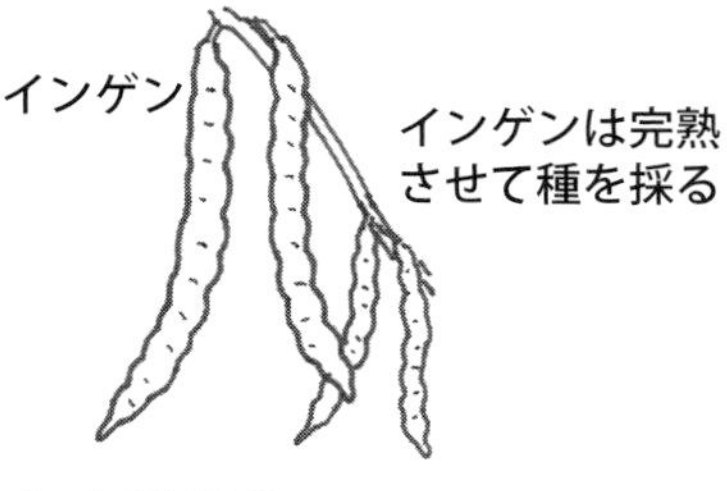

自家採種③

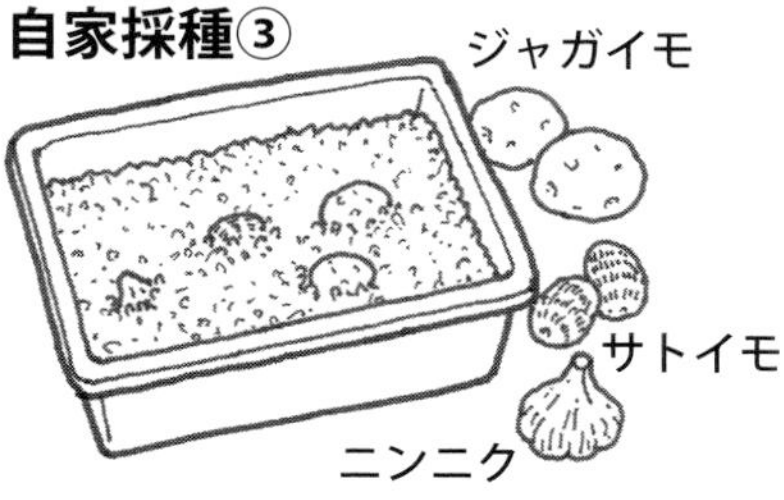

●ジャガイモ料理

ジャガイモは年２回作ることができることがわかりました。劣化の早いジャガイモですが、年２回収穫できると、いつも鮮度のよいイモを楽しめます。

ジャガイモとインゲンの炒め物

〈材料〉（４人分）

ジャガイモ600g、インゲン100g、ベーコン100g、ニンニク１かけ、塩・コショウ、しょう油

〈作り方〉

①ジャガイモは塩ゆでして皮をむいておく。
②インゲンは固めにゆでておく。
③フライパンに油をしいてニンニクのスライスを入れ火にかけ、ベーコンを炒める。
④厚めにスライスしたジャガイモとインゲンを入れ塩・コショウで味付けする。
⑤最後に隠し味にしょう油を少したらす。

●サトイモ料理

自家採取しやすい作物であるサトイモの定番料理を紹介します。

イカとサトイモの煮物

〈材料〉（４～５人分）

イカ１杯（約250g）、サトイモ800g～1kg、水１ℓ、昆布１枚、しょう油75cc、みりん50cc、ショウガ・酒少々

〈作り方〉

①サトイモの皮をむき、一口大に切り、沸騰したお湯で５分下ゆでをし、水にさらす。
②イカをさばき、胴はリング状に、足は２本ずつに切り分ける。
③煮汁を合わせて沸騰させ、サトイモとイカを入れて約10分煮る。
④冷めてからいただく。

４００円くらいの種を2袋買って、４００～５００個のタマネギが収穫できます。いろいろな料理に使うので、半年くらいで使い切ってしまいます。端境期には買っていますが、ハンバーグに使うなど加工的使用がメインです。タマネギそのものを味わうサラダや炒め物は、自家製でないと物足りません。

〈ハクサイ〉

種を買って作ります。真夏に苗を育てるので、必ず寒冷紗をかけて虫から守ります。

苗が育ったら畑に植え付けします。このときも虫から守るため寒冷紗のトンネルをします。肥料は10ａ当たり１ｔの鶏糞をやると大きく結球します。

１袋３００円くらいの種で、毎年１００株ほど作っても3年持ちます。余った種は冷凍して翌年以降に使います。

自家製野菜で作る季節の料理

このように1年を通じてさまざまな野菜を育て、それを収穫して常に旬の味わいが食卓に並びます。加えてタケノコ、ニラ、シソ、ノビル、サンショウなど、勝手に生えている野生の食材も加わると、さらに豊かさが増していきます。

そんな料理の一端を紹介します。

〈コロッケ〉

ジャガイモは料理のバリエーションが豊富で使い勝手のよい野菜です。フライドポテト、肉ジャガ、天ぷら、きんぴら風、粉ふきイモ、カレーライス……など、煮ても焼いても揚げてもおいしく食べられます。

うちの畑で採れたジャガイモは、市販のものとは味がまったく違うので、塩でゆでただけでもおいしくいただけます。そんなジャガイモを収穫したときに、必ず作りたいのがコロッケです。

コロッケは日本の定番料理で、スーパーのお総菜でも冷凍食品でも、パン屋のコロッケサンドでもいろいろなところでお目にかかります。

ひと味違うといわれていたのが「肉屋の揚げたてコロッケ」。肉屋も少なくなってきましたが、未だに肉屋ブランドとして地元の新聞の記事になったりします。

そんな老舗のコロッケを何店舗かで買ってみたのですが、どこも残念な結果でした。

ジャガイモそのものの味で勝負できないのか、どの店もすき焼きの味付けがしてあるのです。化学調味料も入っているので、市販のすき焼きのタレを使っているのでしょう。

どこにも満足できるコロッケは売っていないので、自分で作るしかありません。作り方に特別な違いはありません。挽肉とタマネギを塩・コショウで炒めて、ゆでてつぶしたジャガイモと混ぜて、パン粉をつけて揚げるだけです。しかし、ジャガイモの違いから、どこにも売っていないコロッケができ上がるのです。

さらに和風のカレーを作り、その上にコロッケをのせた「コロッケカレー」。息子たちは大盛りのカレーにコロッケを3個のせて平らげます。

〈夏野菜と豚バラ肉の鉄板焼き〉

新藤家のオリジナル料理です。材料は豚バラ肉、ナス、ピーマン、インゲン、タマネギ、トマトです。鉄板焼きと言っていますが普通にフライパンで作ります。

豚バラとナス、タマネギは5㎜くらいにスライスし、ピーマンは縦に半割、インゲンはそのまま、トマトは1㎝くらいの輪切りにします。

フライパンに油をしいて、トマト以外の材料を裏表焼きます。次にトマトとオリジナルのタレを入れて味を絡めていきます。トマトが半分崩れるくらいの状態で仕上がり。タレにトマトが絡まることでなんともいえない味になります。

夏になると食べたくなる豚バラ肉には、夏ばてを回復する栄養があるのでしょう。夏野菜もたっぷり食べられます。おかずにもつまみにもなります。あらかじめタレを作っておけば、焼いてかけるだけの簡単料理です。

(鉄板焼きのタレ) ＊以下の材料を混ぜるだけ

しょう油　100cc

酒　100cc

ニンニク（みじん切り）10g

ショウガ（すり下ろし）10g

トウチ（みじん切り）小さじ1

豆板醤　小さじ1／2
コショウ　少々
味付けは塩だけなので、野菜そのものの味がすべてです。

〈ハクサイ漬け〉

ハクサイを4つ割か6つ割にして、3％の塩をまんべんなくまぶしていきます。そのまま半日くらいおいて、しんなりしたものを樽の中に入れて重しをします。一晩漬ければ食べられます。

ご飯のおかずにも酒のつまみにも、冬場のビタミン補給でばりばり食べます。

同じように漬けたハクサイを使って、自家製のタレで作るキムチも絶品です。

〈豚バラダイコン〉

おでんと同じですが、シンプルな材料で素材の味を楽しみます。

ダイコンは5㎝くらいの輪切りにして、米ヌカと一緒に40分くらい下ゆでします。

豚バラは塊のまま沸騰したお湯に入れて30分下ゆでします。

ゆでたダイコンと厚切りにした豚バラを鍋に敷き詰めて、ひたひたの水を注ぎ、酒少々と昆布を1枚入れて火にかけます。我が家ではストーブにのせるだけです。沸騰したら火を弱めてフタをして静かに火を入れます。1時間くらい煮たら薄口しょう油で味付けをし、さらに3時間くらい煮ます。途中でゆで卵も入れます。火から下ろしたら一晩寝かせて、翌日に再度温めていただきます。白髪《しらが》ネギと練り辛子がよく合います。

【新藤家で使っている調味料】

しょう油　丸島醤油　1200円／1・8ℓ
みりん　福来純本みりん　2750円／1・8ℓ
塩　国産自然海塩　1000円／1㎏
油　国産菜種油　1万6000円／1・8ℓ

4　農林61号で作る手打ちうどんは店のうどんとは段違い

「ぼっち」をクルクル一握り

小学生の頃、家族で祖母の家に遊びに行くと、夕飯は決まって手打ちうどんでした。居間の傍らに粉にまみれた手回しの製麺機がありました。これで生地をのばすとともに、製麺もします。ガラガラと歯車が回転する音を懐かしく記憶しています。

うどんの食べ方は、どうやら群馬県独特の方法のようで、ゆでて水にさらした麺を「ぼっち」にします。ぼっちというのは、一握りくらいの麺の塊で、クルクルと巻いてあります。このぼっちを大皿に盛り、銘々が一ぼっちずつ箸でとり、つけ汁の中に入れて麺をほぐすようにしていただきます。それぞれの腹具合でぼっちをおかわりします。

つけ汁は暑い時期だと冷たいままで、具はタマネギやナスなど。涼しい時期は熱いつけ汁で、ネギやシイタケが入っていました。今どきの「つけ麺」のスタイルです。刻んだ卵焼きやかき揚げなどのトッピングがあるとさらにおいしくいただけます。

1日1回はうどんを食べていた

時代が進み、うどんも手打ちから乾麺へと変わっていきましたが、母の代でもぼっちとつけ汁のスタイルは変わらぬまま過ごしてきました。乾麺を製造する小さな製麺屋が近所にあり、地元産の小麦も使ってうどんを製造していたのです。しかし今では麦の生産者もほとんどいなくなり、大手の製麺業者に押され、地元の製麺屋も少なくなってしまいました。

もともと群馬県の平野部は、雨が少なく乾燥してい

手打ちうどんの作り方

〈材料〉（約4人前）：小麦粉500g、塩20 ～ 25g、水220 ～ 230cc

〈作り方〉

①塩を水に溶かし、小麦粉に混ぜてこねていきます。

②生地がまとまったら10分ほど寝かせます。

③生地を適当な大きさにカットし、打ち粉をして製麺機でのばします。

④さらに麺切りをします。

⑤たっぷりの沸騰したお湯で4分ほどゆでます。

⑥水でさらしてザルうどんのでき上がり。

香ばしい粉の香りは、市販の粉では味わえないおいしさです。

●自家製めんつゆの作り方

〈材料〉

煮干しのだし1ℓ、しょう油150cc、みりん120cc、昆布1切れ、カツオ厚削り10g

〈作り方〉

①水1ℓに対して煮干し20gを一晩水出しします。

②材料を鍋に入れ火にかけ、沸騰したら3分ほど煮出します。冷ましてでき上がり。

我が家の製麺機はパスタマシーン（ベリタス）

買った当時、20年ほど前は2〜3万円だったと思いますが、現在同じようなものが1万円以下で買えるようです。下記のサイトをご参照ください。

https://item.rakuten.co.jp/meicho/423488/

自家採種して農林61号を栽培する

4月	5月	6月	7月	8月	9月
		下旬 バインダーで収穫	上旬 その場で脱穀 天日乾燥	選別（唐箕） 製粉	

●自家播種から製粉まで

7～8月に、翌年の種を取り分けてから、シートに広げて天日乾燥→唐箕で選別→製粉所で製粉してもらう。

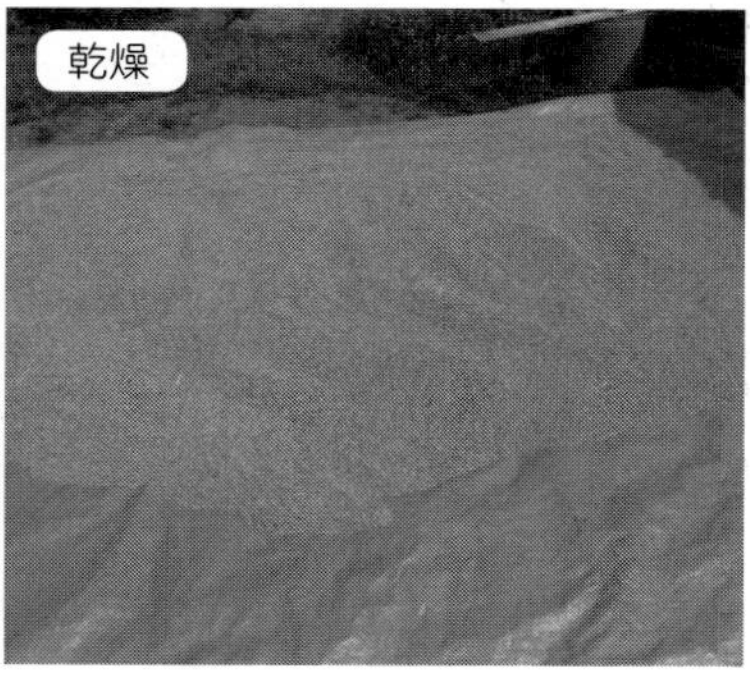

10月	11月	12月	1月	2月	3月
	中旬 耕耘、種まき 施肥（液肥か鶏糞）				

＊種まきから刈り取りまでまったく何もしません。麦踏みもしない。

●種のまき方

うちのトラクタは、ロータリの筋幅が約110cmなので、間にもう1本筋を入れて、手で落として筋まきをします。45cm間隔です。その後足で覆土をしながら踏みつけていきます。

るので、麦作に適しています。昔は二毛作で米と麦を作っており、田植えは6月下旬と遅めでした。主食は米と麦の半々だといわれていました。単位面積当たりの収量からすると、厳密に半々ということはないでしょうが、1日1回はうどんを食べていた、というイメージです。水沢うどんや館林うどんというややマイナーなブランドもあります。

農林61号を自家採種し続ける

うどん粉として有名な農林61号。群馬でも県の産地品種銘柄として半世紀にわたって作られてきました。しかし2008年に「さとのそら」という品種が県で育成され、今ではそれに替わってしまいました。さとのそらは作りやすさや増収を目指して開発されたのですが、導入当時、地元の有機農家の間では味が不評で「群馬県はバカなことをした」と言われていました。

実際に食べ比べたわけではありませんが、私はお気に入りの農林61号を今も自家採種して作り続けています。有機無農薬は当然として、条間を45cmと贅沢にとることで、麦の1本1本に養分が十分に行き渡り、密植の畑よりおいしい小麦になっています。

空いた土地には麦をまく

作付けは基本的にダイズ・アズキ・クロマメなどとの二毛作です。バイオガスプラントでできた液肥（88頁）をまいて、トラクタで耕します。110cm幅のロータリでできた跡の中間に1本の筋を引き、両端のロータリ跡と中間の筋に手で種をまくことで、45cmの条間を作ります。その後、足で覆土をしながら踏みつけていきます。これで種まきは完了。

収量を気にする必要がないので、条間を広くとり、麦踏みもしません。11月中に種まきできれば、雑草もたいして問題になりません。種をまいたら刈り取るまでまったく手がかからないので、これほどラクな作物はないと言えるでしょう。

収穫は一条刈りのバインダーで刈り取り、その場でハーベスタで脱穀。天気を見てブルーシートの上で天日乾燥します。その後、唐箕でゴミを取り、地元の製粉所で粉にしてもらいます。２年分の粉約60kgを冷凍庫で保存しておきます。

毎年作付けしていますが、粉にするのは１年おきで、それ以外は贅沢にも鶏のエサにしています。全部で30ａ近く畑があって、自給用には広すぎます。空いている土地には雑草対策も兼ねて、とにかく麦をまいています（麦の面積は15ａ程度）。

農林61号の手打ちうどんは特別なうまさ

さて、私の代になった今では、ぼっちでうどんを食べることはありません。あれはおそらく、お蚕《かいこ》など忙しい農作業の合間に、手の空いた順にすぐに食べられるように工夫したのだと思います。ゆでておいておくので、残念ながら腰が抜けています。

ですから、我が家では打ちたてゆでたての腰のあるうどんを食べています。自家製の農林61号の手打ちうどんは、特別なうまさを発揮します。うどん屋で食べるものとの味の違いは歴然です。

5 薪ストーブとフライパンでパン・チャパティを作る

我が家にはオーブンレンジがありました。主な目的は冷めたご飯を温めることですが、ときどき、オーブン機能を使ってパンやピザを焼くこともありました。しかし結婚後の5年間で3人の男児が生まれたので、子育てが一段落するまでは頻繁に焼きませんでした。

子どもに手がかからなくなった頃、東日本大震災が起き、生活が一変することになります。なるべく電気に頼らない生活を求めて見直しをするなか、オーブンレンジを捨てました。冷めたご飯を温めるのは、テフロンのフライパンで代用し、エネルギーはガスや薪ストーブを利用します。

震災後の計画停電で、店（当時営業していたラーメン屋）は開店休業状態。さらに、その後の経済の冷え込みで店が徐々に暇になり、時間ができるようになりました。このチャンスを生かして食料やエネルギーの自給をどんどん拡大していったのです（80頁）。

ここで妻が取り組んだのが、薪ストーブとフライパンを使ってパンやピザを焼くことでした。冬場は室内の薪ストーブの熱を使って生地を発酵させます。強力

大震災後に思いついた自給の拡大

料理評論家の幕内秀夫さんが、講演会で「女性はパンが好き」と言われていました。そこであらためてパン屋をのぞくと、確かに女性客が多いです。私も妻から「パンを焼きたいから強力粉になる小麦を作ってほしい」とずっと言われてきました。最初は群馬県の農業試験場が開発したダブル8号を作っていましたが、味が好みではなかったため、今は別の品種を栽培しています。

自家製の小麦で焼いたチャパティ

シシ肉入りの自家製インドカレー

粉は生地が扱いやすく、よく膨らむのでパンづくりに適していたのですが、味の問題からもっぱら中力粉の農林61号で焼きました。強力粉ほどには膨らまないので身の詰まった感じの焼き上がりになりますが、小麦の粒の味と香り、そして噛むほどに甘みが感じられます。やはり農林61号はうまい品種だと実感しました。現在は別品種の強力粉が手に入ったので、試作を始めているところです。

インドカレーに合うのは？

このごろは、イノシシの肉が手に入るようになりました。そこで、この肉を使って自家製のインドカレーを開発することにしました。開発といっても、もともと飼っている鶏をさばいてチキンカレーを作っていたので、鶏肉をシシ肉に替えてスパイスを調整するくらいで大した時間はかかりませんでした。

このカレーを妻が焼いたパンと一緒に食べてみました。妻のパンはいわゆる硬い（ハード系の）パンなので、薄く切って炭火で炙り、カリッとした食感を楽し

我が家流チキンカレーの作り方

〈カレーベース〉（4～5人分）

大＝大さじ、小＝小さじ

ホールスパイス：クミン小1/2、クローブ10粒、ブラックペッパー小1/2、カルダモン2粒

タマネギ600g、トマトピューレ200g、ニンニク（みじん切り）20g、ショウガ（すり下ろし）20g、サラダ油80cc

〈材料〉

鶏肉400g、スープ（又は水）2ℓ

パウダースパイス：コリアンダー大2、ターメリック大1、チリペッパー小1、昆布40g、その他（クミン、カルダモン、シナモン、クローブなど小1/2）

塩大1～、チャツネ小1、ガラムマサラ小1/2、しょう油小1、酒小1

〈作り方〉

①ホールスパイスをすり鉢で砕き、油に入れて火にかけ、タマネギ、トマト、ニンニク、ショウガの順に茶色くなるまで炒める。

②スープ、パウダースパイスを入れ火にかける。

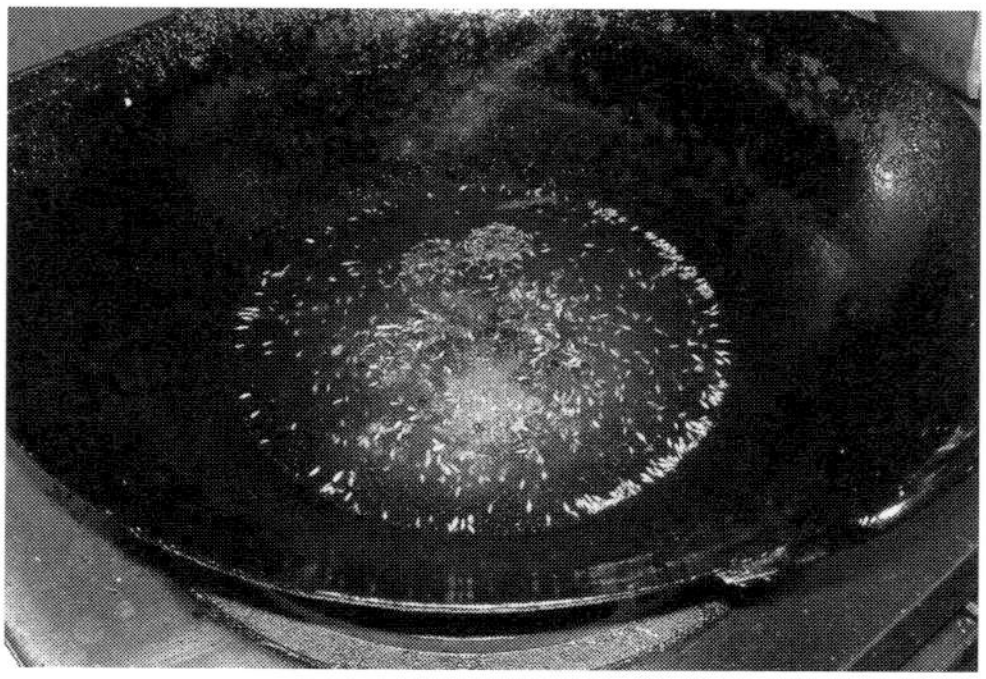

砕いたホールスパイスを油に入れて火にかける。

タマネギ、トマト、ニンニク、ショウガの順に炒める。

茶色くなるまで炒めたらスープ、パウダースパイスを入れる。

③鶏肉をカットし（11頁）、フライパンで炒め、昆布を入れて沸騰させた②の鍋に入れる。
④弱火にし、2時間半ほど煮込む。昆布は30分くらいで引き上げる。
⑤肉が軟らかくなったら、塩、チャツネ、ガラムマサラ、しょう油、酒で味を調えてでき上がり。

カットした鶏肉を炒めて鍋に入れ2時間半ほど煮込めばでき上がり。

薪ストーブでパンとチャパティを作る

●パンを作る

〈材料〉（約４人前）
小麦粉500g、塩9g、砂糖20g、水260cc、天然酵母（ドライ）10g＋お湯20cc

〈作り方〉

①酵母をお湯に溶かし、材料に混ぜて生地をこねる。

②生地がまとまったら、30分ほど寝かせて１次発酵。成形後、しまった生地を膨らませる２次発酵を30分程度行なう。

③生地をフライパンに入れ、フタをして火にかける。

④ 表面15分、裏面５分程度焼いたら完成。

●チャパティを作る

〈材料〉（約４人前）
小麦粉500g、塩10g、水300cc

〈作り方〉
①塩を水で溶かし、小麦粉と混ぜ合わせてこねる

②30分ほど寝かせたら、ピンポン球くらいの大きさにちぎって麺棒で円形にのばす。

家族そろってチャパティでカレーを食べる。

③熱したフライパンや薪ストーブの天板で両面をそれぞれ１分ほど焼く。片面を焼いて裏返した後、布などを丸めたもので生地を押さえながら焼くとよく膨らむ。

みます。普段はジャムやバター、チーズをのせて食べますが、インドカレーでもおいしく食べられます。

ただ、それは確かにおいしいのですが、食べるたびに「これじゃない感」がしていました。たとえば、サラサラのインドカレーに合う米は、ジャポニカ米ではなくインディカ米であるような絶妙な組み合わせ。それはこのパンではない。それはナンだといえば、チャパティである――。しょうもないギャグになりました。

超簡単！　チャパティの作り方

ナンは小麦粉を発酵させ、タンドール（つぼ型の土かまど）で焼かなければならないのでハードルが高いですが、チャパティは、生地をこねてのばしてフライパンで焼くだけなので簡単です。

さっそくネットのレシピを参考にし、自分なりにアレンジして焼いてみました。粉と塩と水だけで、これほどうまいものができるのか、というのが正直な感想です。考えてみれば、手打ちうどんも材料は一緒で配合が違うだけです。使ったのは農林61号。ここでもこの粉の威力を知ることになりました。

うどんの場合は、めんつゆや薬味が必要だったり、やっぱり天ぷらが欲しかったりするので、どうしても手間がかかります。しかし、カレーは小分けにして冷凍保存できるので、それを解凍してチャパティを焼くだけ。うどんのように、お湯を沸かしてゆでる必要もないのです。

食べ方のバリエーションも豊富

カレー以外には、ソーセージを焼いてチャパティで巻いたり、チーズと野菜をサンドしたりとバリエーションも楽しめます。冬場は室内の薪ストーブを使えば、チャパティが天板で一度に何枚も焼けるし、焼き時間は1分程度です（フライパンの場合は1枚ずつ焼きます）。

私はめんどくさがり屋なので、発酵の温度管理などに気を遣うパンは作る気になりません。それに比べたら、このチャパティはじつに簡単でうまく、私にピッタリの料理です。

6 一度食べたらやめられない尺角2本で手植えのゴロピカリ

食べる分の米を尺角2本で手植え

私は20年以上前から手植えで米を作っています。無農薬で尺角2本植えです。米作りを始めるにあたって手植えでやろうと考えたのは、当初作付け面積が4ａだけだったから。最初は夫婦2人で食べる2俵ほどの米がとれればよかったわけです。反収（10ａ当たり）にして5俵。特別な農法をしなくても、適度に草取りをすれば達成できる収量でした。その後は17ａまで増えましたが、長男が出て行ったり獣害対策が追いつか

左奥は手植えで尺角（30×30㎝）2本植えしたところ。手前はこれから植える

最初の頃は収穫もすべて手刈りだったが、現在はバインダー

太く強いイネに育つので倒れない

なかったりで、去年から少し減らして現在（2020年）は9a作っています。

我が家の田んぼは17aで、サラリーマンだった父が土日を利用して慣行農法で作っていました。この地域の田んぼは中山間地の緩やかな斜面で、構造改善も進んでおらず1区画4aほど。ほとんどが10～20aほどの自給農です。父の作り方は手押しの田植え機で植え、肥やしは化学肥料でした。田植え直後に除草剤とイネミズゾウムシの防虫剤を1回散布。薬が効いて田んぼにはオタマジャクシもいない、草も生えていないぴかぴかの状態でした。

太く強いイネに育つから台風でも倒れない

その一画で私の米作りが始まりました。無農薬で手植え・手取り除草の若者が現われたので、周りは興味津々だったようです。身内は気が気でなかったでしょう。田んぼや畑を草だらけにするのを恥ずかしい、みっともないと思う文化です。祖母からは小言を言わ

郵便はがき

1078668

おそれいります
が切手をはって
お出し下さい

東京都港区
赤坂郵便局
私書箱第十五号

農文協
http://www.ruralnet.or.jp/
読者カード係 行

◎ このカードは当会の今後の刊行計画及び、新刊等の案内に役だたせ
いただきたいと思います。　　はじめての方は○印を（

ご住所	（〒　　－ TEL： FAX：
お名前	男・女
E-mail：	
ご職業	公務員・会社員・自営業・自由業・主婦・農漁業・教職員（大学・短大・高校・中学・小学・他）研究生・学生・団体職員・その他（　）
お勤め先・学校名	日頃ご覧の新聞・雑誌名

※この葉書にお書きいただいた個人情報は、新刊案内や見本誌送付、ご注文品の配送、確認等の
のために使用し、その目的以外での利用はいたしません。

- ご感想をインターネット等で紹介させていただく場合がございます。ご了承下さい。
- 送料無料・農文協以外の書籍も注文できる会員制通販書店「田舎の本屋さん」入会募集中！
案内進呈します。　希望□

■毎月抽選で10名様に見本誌を１冊進呈■（ご希望の雑誌名ひとつに○を）

①現代農業　②季刊 地 域　③うかたま

お客様コード □□□□□□□□□□

お買上げの本

■ご購入いただいた書店（　　　　　　　　　　　　書店）

本書についてご感想など

今後の出版物についてのご希望など

の本を求めの機	広告を見て（紙・誌名）	書店で見て	書評を見て（紙・誌名）	インターネットを見て	知人・先生のすすめで	図書館で見て

新規注文書 ◇

郵送ご希望の場合、送料をご負担いただきます。

希望の図書がありましたら、下記へご記入下さい。お支払いはCVS・郵便振替でお願いします。

	（定価）¥	（部数）	部
	（定価）¥	（部数）	部

460

今ではなかなか見られない天日干し。
アルミパイプで枠を作る

れ続けました。ある年、イネ刈りを控えた10月の初旬に大きな台風がやってきました。父の植えたものを含めた周りの田んぼは、暴風に堪えきれず軒並み倒れてしまいました。しかし私の田んぼのイネはびくともしなかったのです。

それを見た父は「奇跡が起こった」と騒いでいました。が、これは奇跡でも何でもありません。尺角2本植えのイネは草取りをすれば周りに障害となるライバルがいないので、太く強いイネに育っていきます。逆に機械植えの慣行農法では植える本数が多く間隔が狭いので、細いイネにしか育ちません。反収（10 a当たり）は10俵ほどありますが、イネは貧弱です。

肥やしは糞尿や生ゴミから作る液肥（88頁）をメインにしています。それもあって慣行農法の米と私の米には味の差があります。なにより違うのは粒の大きさです。尺角2本植えの太くて立派なイネには粒の大きな米が実ります。羽釜と薪で米を炊くようになってから、その違いがさらにわかるようになりました。一粒一粒に噛み応えがあり、噛めば噛むほど甘みが出てく

7月	8月	9月	10月	11月	12月
以降、随時草取り			20 イネ刈り、天日干し	12 脱穀、モミすり 貯蔵庫へ 随時精米	

草取り

③施肥
基本的に液肥を施す。養分が少ないと感じたら翌年の冬に鶏糞をまく。代かきのときと7月の中旬に液肥（2.1kg＝70g×30箱分〈苗箱〉）を投入する。タンクに液肥を積んで、用水を取水している側溝に液肥を投入する。用水と液肥が混ざって田んぼに入っていく。

イネを天日に干す

1月	2月	3月	4月	5月	6月
			29 塩水選、浸水	7 モミまき 荒起こし	15 代かき、田植え

①自家採種のやり方

脱穀したモミから4kgほど取り分けて翌年の分として貯蔵庫で保管する。

②尺角植えのやり方

専用の補助器具を使い、糸に沿って目印のところに植えていく。

羽釜でご飯を炊いておいしく食べる

●羽釜ご飯の炊き方

①米を洗って羽釜に入れる。
②米と同量の水と酒少々を入れ20分ほどおいておく。

③はじめちょろちょろ中ぱっぱ、赤子泣いてもフタとるなの要領で薪を焚いていく。

④米の量にもよるが、1升炊きで15～20分で炊きあがる。勢いよく蒸気が吹き上がり、水が蒸発すると釜の底で「チリチリ」という音がしてくる。それが炊きあがりの合図。

⑤羽釜を火から下ろして10分ほど蒸らす。

⑥蒸らしたら、よくかき混ぜる。

●羽釜ご飯のおいしい食べ方

卵かけご飯

我が家では「TKG」と呼んでいる。熱々の炊きたてに生卵。自家製のたくあんや昆布のつくだ煮が加わればさらにおいしくいただけます。

夏定食

真夏の定番メニュー。室温まで冷ましたご飯に添えるのは以下のメニュー。

ⓐナスとピーマンの炒め物

我が家では「ナスピー」と呼んでいます。ナスとピーマンを油で炒めて、しょう油と酒、最後にショウガのすり下ろしを加えます。動物性食品を一切使わない完全ベジタリアン食ですが、毎日飽きずに食べられます。油としょう油を多めに使うのがポイント。

ⓑピーマン入りの卵焼き

ピーマンを細かく刻んで溶き卵に入れて焼きます。

ⓒ自家製のぬか漬け

キュウリとナスが定番です。

冷めたご飯に、これらのおかずとともに、麦茶や氷水を添えます。

我が家のゴロピカリと市販の新潟産コシヒカリの写真。精米歩合の違いはあるが、粒の大きさの違いは明らか

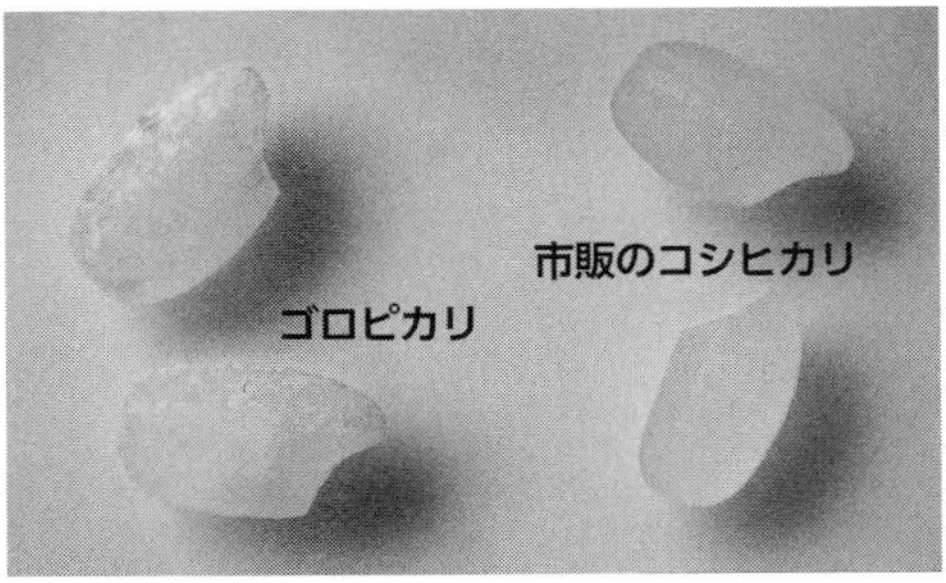

羽釜と薪で炊くと、粒の大きさが引き立つ

るのです。

種採りして作るゴロピカリがうまい

作っている品種は「ゴロピカリ」。群馬県の試験場が開発した米で、私が米作りを始めた当時は周りも皆作っていました。消費者からは評判が悪く、値段も1kg300円程度。確かに市販されているゴロピカリは旨みや甘みがなくおいしくありません。ところが有機無農薬、尺角2本植えで作る我が家のゴロピカリは、まったく別物といっていいほど味が違います。種を継いで作り続けているので、もはや別の品種になりつつあるのかもしれません。

ある年、知り合いの家族がうちの田んぼで米を作りました。農法はまったく同じで、作ったのはイセヒカリ。できた米

を食べてみたら、ゴロピカリのほうがずっとうまかったのです。

獣に荒らされても作り続けたい

父が年をとり米を作らなくなってからは、私の子どもたちを動員して17aをすべて手植え。周りはどんどんやめていき、天日干しの風景も見られなくなりました。それと時を同じくして、イノシシが田んぼを荒らすようになりました。イネ刈り前の田んぼに入ってのたうちまわり、その後は天日干しのイネを引きずり下ろします。これに対抗するため電柵を購入し、張り巡らせました。

これでイノシシの被害を食い止めたと思ったら、一昨年（2018年）初めてシカが電柵を飛び越えて侵入。稲穂を食い荒らされ、米を作り始めてから最低の収穫量となりました。今後はシカの侵入を防ぐ対策もとらなければなりません。

こうなってくると、米を買ったほうがいいという考えが頭を巡ります。大したことのない面積の米を作るためにどれだけの労力を使い、どれだけの資材を揃えなければならないのか……。それでもわかっています、たとえ1kg1000円する有機米を買って食べたとしても満足できないことを。やっぱり手植えで大粒のゴロピカリにはかないません。だから、体が続く限り手植えで米を作り続けるでしょう。

7 もぎたての自家製エダマメを楽しむ

一度は挫折したダイズ作り

エダマメ用の品種もありますが、基本的にダイズの若いものがエダマメです。しかし、一般消費者でそれを理解している人は極めて少ないのではないかと感じています。

では、エダマメの旬は？　と聞かれたら、皆さんはどのように答えるでしょうか。ビアガーデンのおつまみランキングの上位にくるであろうエダマメ。この時期こそが旬だと多くの人が答えるでしょう。

エダマメの生産も7月から8月がピークになっているでしょう。早生エダマメの品種を育てれば、真夏に収穫できます。私もかつて、ビールとともに自家製のエダマメを味わうべく、5月に種をまいたことがありました。しかし雑草が勢いよく育つ時期なので、なかなか上手に作ることができませんでした。そのときのエダマメの味はどうだったのかも、あまり記憶にありません。

エダマメとは別に、自家製味噌を作るためにダイズもまきました。種苗店で手に入るエンレイなどの品種です。種は7月中旬にまいたのですが、これもことごとく失敗。直まきすると発芽率が悪かったり、ハトに食われたり。それなら育苗だと苗を育てて移植してもうまく活着しなかったり。結局数年チャレンジしてもまともな収穫ができず、ダイズ作りはあきらめていました。

「神の子大豆」との運命の出会い

２０１７年に亡くなられた松田マヨネーズの松田優

薪ストーブで作った屋外システムキッチン（105頁）でエダマメをゆでる。もぎたての自家製エダマメこそ最高の贅沢

正社長という方がいます（24頁）。平飼い有精卵やこだわりの材料を使ったマヨネーズは全国に多くのファンがいます。

　松田さんは卵を使わないビーガン（完全菜食主義者）向けの豆乳マヨネーズを開発するなど意欲的な商品開発をされていました。それだけにとどまらず、食糧やエネルギーの自給を目指し、埼玉県の神泉村（現神川町）に工場を移して、自給農業を行なっていました。私の住んでいるところから車で30分の距離で、縁あって私も松田さんと親しくさせてもらいました。

　松田さんは、神泉村で昔から作り続けているダイズの種を、地元のお年寄りから譲り受け、育てていました。発芽率がよく、生育も旺盛で病気にも強く、毎年失敗することなく、たくさんのダイズがとれる品種でした。松田さんは敬意を表し、村の名前をもじって「神の子（かんのこ）大豆」と命名しました。

　私も神の子大豆を松田さんに紹介され、種を分けてもらいましたが、以前のマメ作りの経験を思い出し、どうせうまくできないだろうと最初は疑っていました。

自家製味噌を作る

〈材料〉ダイズ3kg、米麹3kg、塩1.2kg

●米麹を作る

①米を洗って一晩水に浸ける。
②水を切って蒸す。
③蒸し上がった米をさらしにあけて冷ます。
④人肌（40℃くらい）になったら麹菌をかけて混ぜる。
⑤ビニール袋に入れてこたつに入れる。
⑥35～40℃で48時間、途中で切り返しながら保温するとでき上がり。

●味噌を作る

①米麹と塩を混ぜておく。
②ダイズを洗って24時間水に浸ける。

③たっぷりの水で3時間半、指でつぶれるくらいになるまで煮る。

④ミンサーで豆をつぶす。

⑤人肌くらいに冷めたら塩麹と混ぜる。豆のゆで汁を入れて固さを調節する。

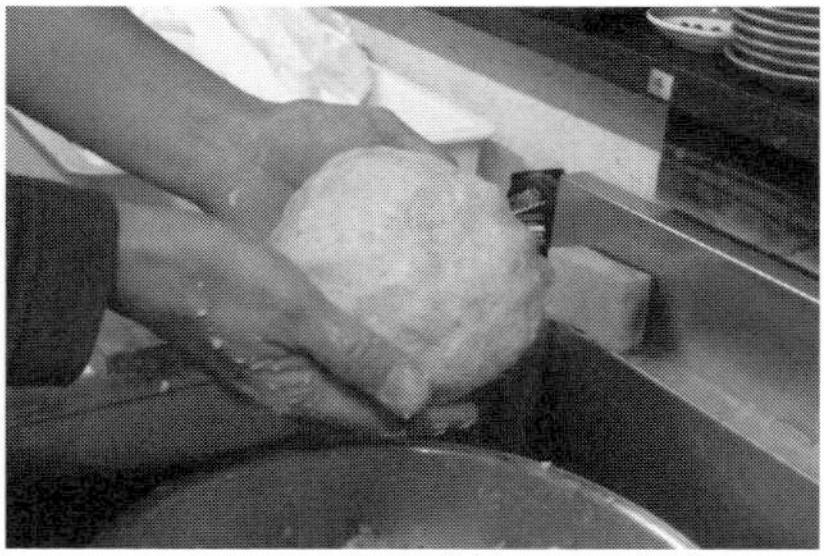

⑥味噌玉を作って樽の底に投げ入れる。

⑦密封して半年以上寝かせる。

ダイズを作る

7月	8月	9月	10月	11月	12月
10 種まき 耕耘	2回ほど刈払機で除草	エダマメの収穫	←→	上旬 収穫	上旬 脱穀・選別

収穫・乾燥

木が茶色く枯れたら収穫。根元から剪定ばさみで切って家に持ち帰る。庭に広げたシートの上で３週間ほど乾燥。

脱穀・選別

足踏み脱穀機で脱穀した後、さらに棒でたたいてダイズの豆を落とす。続いてザルで細かいゴミを落とし、残った殻も風で飛ばす。専用のゴム板で豆を選別して作業を完了。

1月	2月	3月	4月	5月	6月

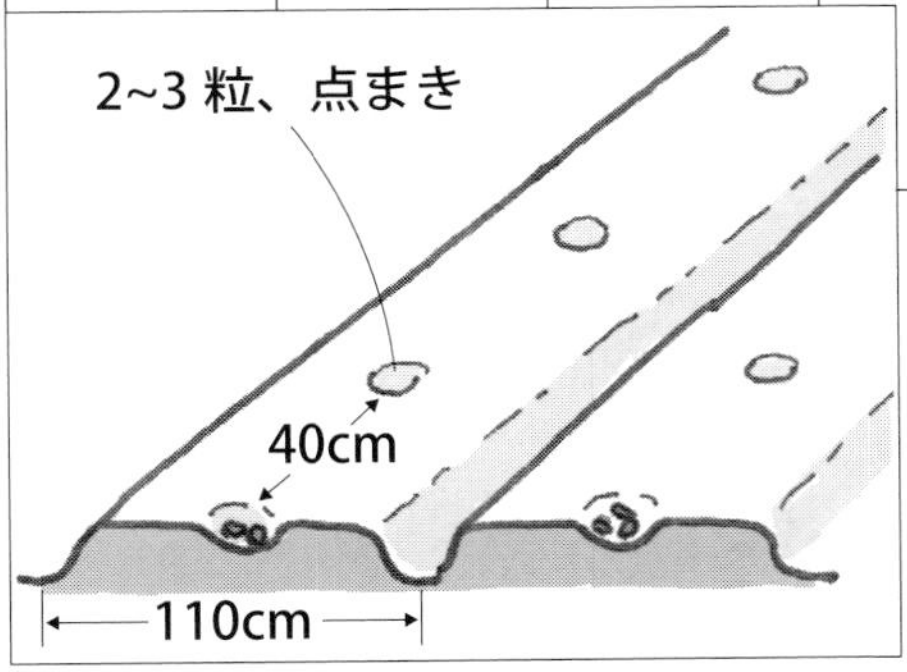

種まき
トラクターのロータリーの筋を利用して40㎝間隔で2～3粒ずつ点まきする。畝幅はロータリーの筋をそのまま利用するので110㎝。

発芽ぞろいが抜群の「神の子大豆」。この品種と出会えたおかげでマメ作りができるようになった。私にとっては奇跡のダイズ

＊神の子大豆という品種はありません。埼玉県神泉村（現神川町）で昔から作られていたダイズを、松田マヨネーズの社長が譲り受け、個人的に命名したのです。

病気にも強い。環境の変化にもあまり左右されずどんな畑でもよく育つ

ですから、ダメ元で麦を刈った後の畑に、必要以上に多くの種をまきました。

ところがどうでしょう。まいた種のほとんどが発芽し、ぐんぐん育ち、ものすごい量のダイズがとれました。収穫したら棒でたたいて脱穀する予定でしたが、それではとても間に合わないので、急遽足踏み脱穀機を購入して脱穀しました。5aほどの畑で60kgくらいとれました。まさかの豊作に驚き、念願の自家製ダイズの味噌を作ることができました。

最小限の味付けで風味を存分に楽しむ

7月10日頃にまく神の子大豆は、9月の終わりから10月中旬にかけてエダマメで食べられます。ビアガーデンは終わっている時期ですが、この頃が本来のエダマメの旬。旬の神の子大豆のエダマメを食べてみると、これまで生きてきてこれほどおいしいエダマメを食べたのは初めてというほど、香り・風味が他のものとはまったく違います。

最初に神の子大豆を作った年の夏、有機農家の早生品種のエダマメをいただいていたのですが、それと食べ比べたら見た目は同じでも中身は別物でした。この体験からはっきりしたのは、人間の知恵は自然にはかなわないということです。生ビールの時期に合わせて品種改良したものを食べるのもいいですが、10月まで待って食べたほうが感動が大きいのです。人間が自然

莢に塩を付けるのがエダマメのおいしい食べ方

に合わせたほうが、心も体もより健康になれるのではないでしょうか。

　私は自給ラーメン屋を営むなど「作農料理人」として、育てた作物をいかにおいしく食べるかを追求してきました。神の子大豆のエダマメに出会って、また一つ新たな食べ方を発見しました。一般的にエダマメは、塩水でゆでるかゆでる前に塩をまぶすなど、エダマメそのものに塩味を付けます。しかし、それでは神の子大豆の風味が損なわれます。自家製エダマメは、一つまみの塩を入れたお湯で湯がき、食べるときに莢に塩を付けて食べる。これで風味を損なうことなくおいしくいただくことができます。当然のことながらエダマメはもぎたてをゆでること。つまり自分で育てるから味わえる、余計なお金もかからない自家製エダマメこそ最高の贅沢なのです。

第2章

豊かな暮らしは排出物を出さない

1 排出物を出さない暮らしから始まる広がり

今では水洗でないトイレを捜すのは難しいほど、水洗トイレが普及しました。

私が小さい頃は、家も学校も汲み取り式のトイレでした。いわゆる「ぼっとん便所」というやつです。排泄物がたまってくると、バキュームカーを呼んで汲み取りをしてもらっていたのです。汲み取りがなかなか来てくれないと、排泄物がどんどんたまってやばい状況になるという経験もありました。

小学生のとき、友だちと河原の探検をしていると、巨大なすり鉢状の穴を発見しました。下のほうは茶色に乾いた土地のようになっています。一体これは何だろうかと、斜面を降りて近づいて石を投げてみました。乾いた土地のようなものは表面だけで、その下は液状だったのです。

これはバキュームカーが汲み取った排泄物の処分場だったのです。一杯になったらどうするのかわかりませんが、こんな原始的な方法で処理をしていたのです。

都市部というのは不自然な状態で人口が密集する場所なので、必ずゴミや排泄物の問題が起こります。

下水路を整備して、原初の水洗トイレを実現していたローマ帝国も、その行き先は巨大な池でした。市民からは見えない場所に集積していただけなのです。

それに比べれば、江戸の町と周辺の農村でうまくリサイクルしていたのは驚くべきことです。今では巨大な予算を使って下水道を整備し、電力と薬品を使って処理をしています。それも効率の悪い僻地には配備されることはありません。肥やしとしての使い道を失った排泄物は、田舎では浄化槽を設置して電動ポンプで浄化しています。

人糞尿を畑に使うことで、寄生虫が付くのでは、という話を聞いたことがあります。真偽のほどはわかりません。糞尿を肥やしにする場合は、微生物による分解ができているかどうかが問題になります。悪臭がするような状態では、硝酸態窒素が発生しているので、野菜にとって虫や病気の原因になるのです。

我が家のバイオガストイレの場合は、密閉された発酵槽で嫌気発酵が行なわれています。寄生虫などの卵が仮にあったとしても、死滅することになります。加えて完全に発酵が終わった状態で上澄み液が排出されるので、ほとんど臭わずに、作物にとっては吸収しやすい良質の肥料になります。

建設する労力や場所が必要になるので、誰にでもできるものではありませんが、家庭内で排泄物の処理が完結したサイクルを実現していることは、暮らしていてとても気持ちよく充実した気分にさせてくれます。

養鶏の場合も、田畑で使い切る程度の鶏糞の量なので、公害になることはありません。生ゴミを食べてくれて、卵をいただき、鶏糞は肥料として使う。卵を産まなくなれば、肉として食して、トイレはバイオガスに行く。こちらも家庭内での循環ができています。

翻って今の日本の酪農などの畜産現場を見てみると、効率のみを優先した構造であることがわかります。乳牛では、家族経営で50頭くらい飼っています。牛1頭の排泄物を自然処理するためには1haの土地が必要といわれています。それを狭い牛舎に詰め込んで、外国から運んできた干し草などを与えています。

乳を搾って出荷しても、糞尿を外国に返すわけにもいかず、処分に困っているのが現状です。規模や範囲が大きなサイクルになるほど、製品化の効率はよくなりますが、排出物などの矛盾も同時に発生します。

自然養鶏の提唱者である中島正氏は、地域にあるものを利用して養鶏を行なえと言いました。豆腐屋のおから、精米所の米ヌカ、農家のクズ米などを利用するのです。中島正著『自然卵養鶏法』の最後には、「庭先養鶏のすすめ」が書かれています。効率のみを追いかけた生産のひずみを反面教師にすると、行き着くのは自給農なのかもしれません。

2 電気と暮らし

100%電力自給は実現可能か?

祖母が小さい頃ですから、大正の半ばくらいでしょうか。初めて家の中に電灯がともったと言っていたので、その頃、このあたりに電気というものが入ってきたのでしょう。

そして私が小さい頃、祖母の家にはテレビも冷蔵庫もありませんでした。洗濯機はどうだったか、記憶にありませんが、しばらくの間、電気というものは「明かり」をとるのが主な目的だったのです。

令和の今、電気製品の山から逃れることはできません。電気とどうつきあうか、電気にどう向き合うか。それがこの先、重要になってくると思います。

私が当初バイオガスに期待したのは、発電ができるのではないか、ということでした。小川町の自然エネルギー学校（88頁）で、HONDAのマイクロコージェネレーションをバイオガスで動かすことができると聞いたからです。マイクロコージェネレーション（通称コジェネ）とは、ガスをエネルギー源として発電しながらお湯も作れる家庭用の装置です。

実際にバイオガスプラントを設置した後で、ガスを作りながらコジェネの導入を検討しました。しかし、ガスに含まれる硫黄分の除去（脱硫）やガス圧の問題などで、コジェネがうまく動作しなかったり故障の原因になったりすることがわかり、導入をあきらめた経緯があります。

晴天の昼間だけ発電するソーラーパネルよりも、必要なときに発電できる電力自給は、電気が必須の現代には魅力的なのです。

松田マヨネーズの社長は、終《つい》の棲家《すみか》を探す際に、水脈のある土地を探しました。自宅の庭で水力発電をすることで、24時間電気を作れる環境を目指したのです。脈がありそうな土地でボーリング調査をしましたが、結局、水脈を当てることはできませんでした。

その後、大量のソーラーパネルとバッテリーを備えた家を建設しました。外部からの電力の導入は一切ないオフグリッドの家です。１００％電気を自給することが松田さんの理想でした。それを実現するためのパネルとバッテリーの容量は驚くべき数値でした。費用も相当だったと思います。

完全に商用電源から切り離されたオフグリッドの場合、どれだけの電力を何時間賄うかという需要の条件から、必要なパネルとバッテリーの容量を導き出していきます。それに加えて重要なのは、「日照がない日が何日続くか」を想定することです。この想定いかんで設計値が大きく変わるからです。

普通は３日とか４日を想定します。それ以上無日照が続くことは滅多にないという判断です。しかし、10年に１度でも想定以外のことが起こると、そこでバッテリーがパーになってしまいます。あっという間に劣化してしまうのです。それを避けるためには、バッテリーからケーブルを引っこ抜いて、電気を温存した状態に保たなければなりません。オフグリッドの家だと、その間はまったく電気が使えない状態になってしまいます。たとえお金がたくさんあって、大容量のシステムを構築したとしても、普段はまったく必要のない巨大なシステムを抱えるというのは無駄なことです。

この矛盾を解決するためには、２つの方法があります。

一つはシステムを分散すること。一軒の家の中でも、目的に応じて複数のシステムで構築するのです。無日照が続いたら使うのはあきらめる電気と、冷蔵庫のように動かし続けなければならないものを分けることで、システムの巨大化を防ぐことができます。

もう一つは、非常時は商用電源に切り替えること。これを割り切ることができれば、最小限のシステムで運用することができるのです。

我が家のソーラー発電の配線図

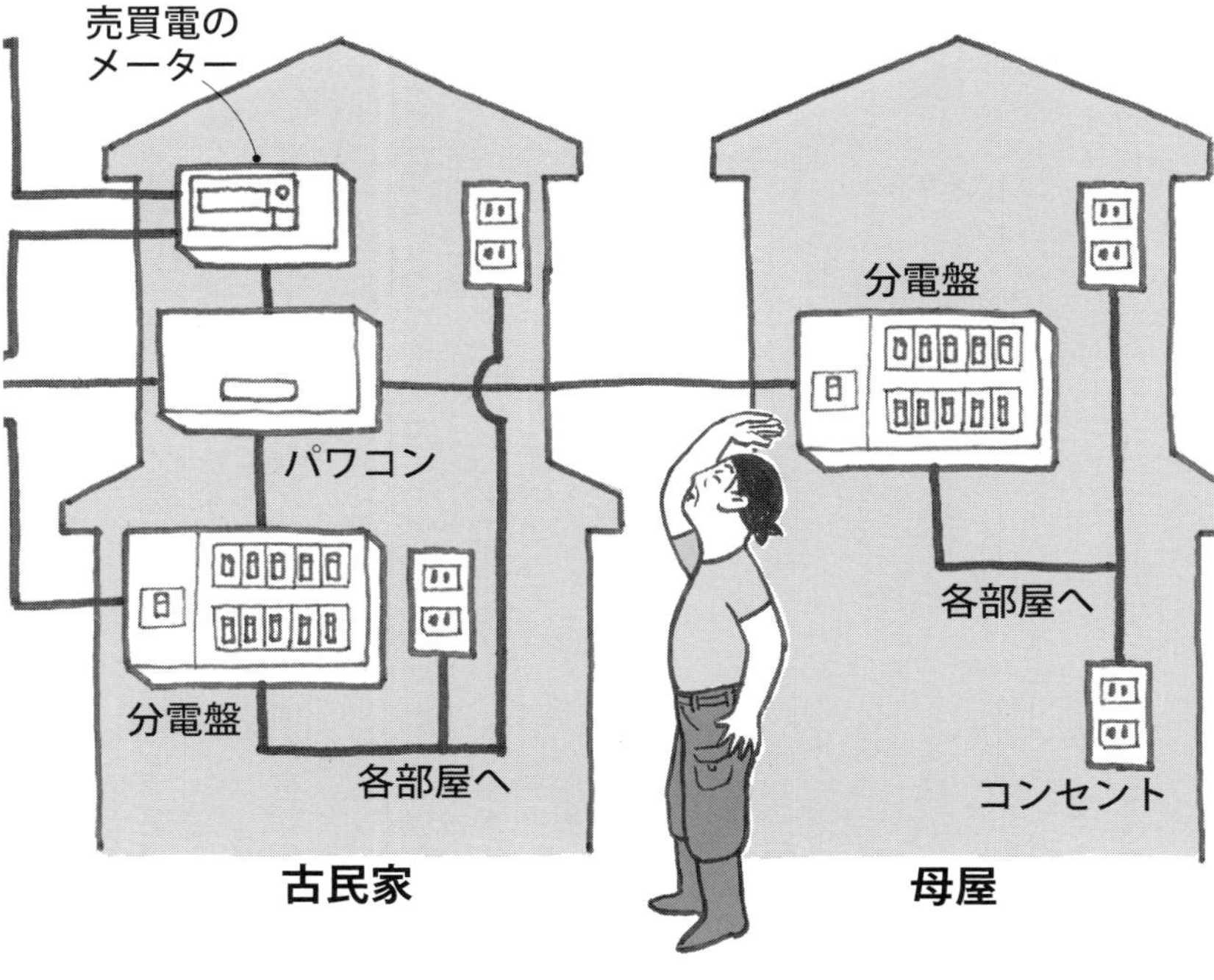

パワコン

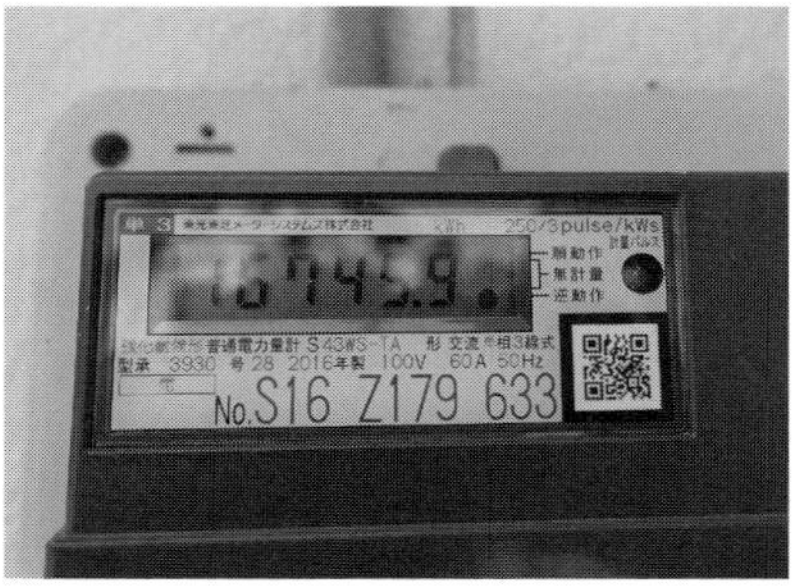

売買電のメーター

・1998年に約３kWのソーラー発電パネルを設置。
・2012年にパワーコンディショナー（パワコン）を買い換え（約20万円）、これにより、停電時でも太陽が出ていれば電気を取り出すことができるようになった。
・2019年にFIT終了（固定価格での買取終了）を迎え、買取価格が48円/kW→8.5円/kWに下がるも、毎月2000円ほど売り上げがある。

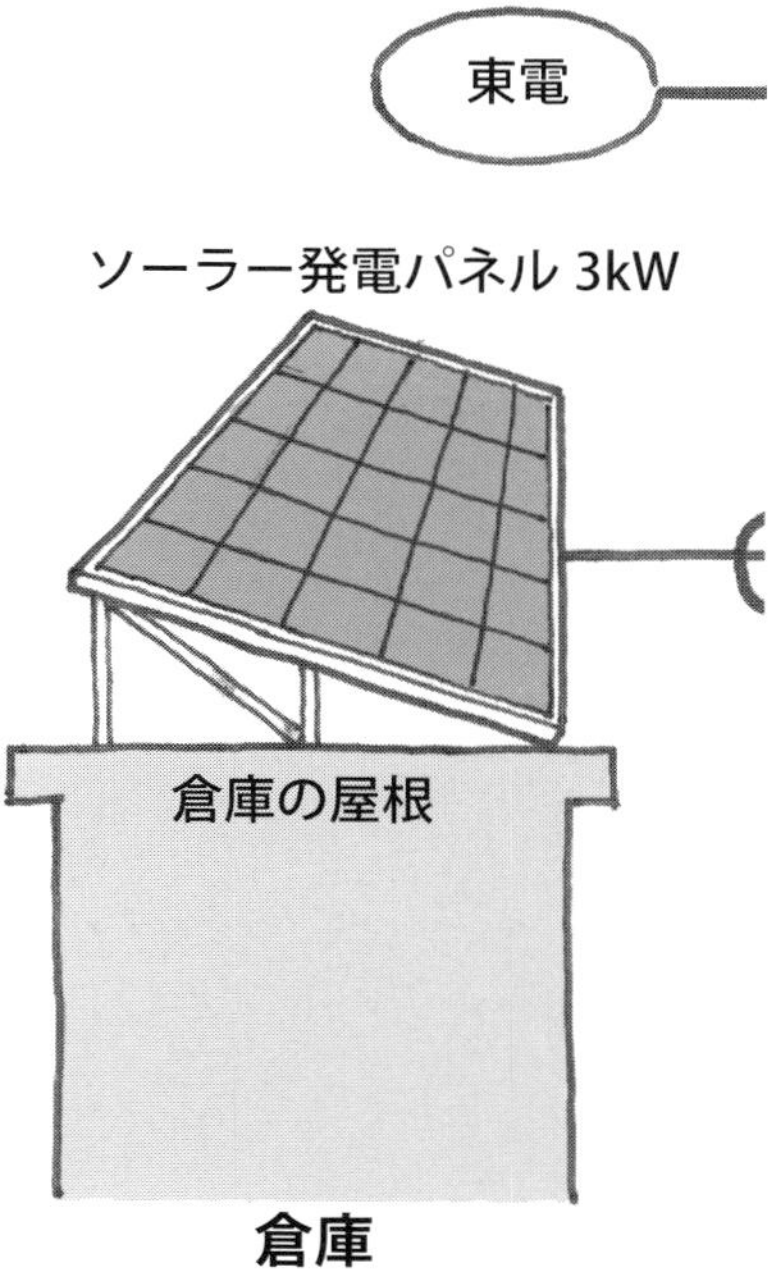

ソーラー発電パネル

「100%電気を自給したい」「電力会社と一切関わりたくない」という気持ちを抱いている方もいると思います。私もそれは理解できます。

個人的に関係を絶ったとしても、巨大権力の電力会社はそのままです。しかし、多くの人がソーラー蓄電システムを導入して運用していけば、「商用電源がサブ電力になる日」が可能となるのです。こうなれば、電力会社との力関係は逆転します。これは実現不可能ではないことです。

ソーラーシステムの歩み

今から22年前、私が導入したソーラー発電は、基本的にパネルとコントローラーのみです。晴天の日中に発電した電気を家庭で使用し、余剰電力を販売する「系統連携」というものです。発電しない夜間や雨天の日は電力会社から購入します。

当時はまだバッテリーの値段も高く、その割に性能はいまいちで、蓄電システムを導入する人はあまりいませんでした。

2011年の福島原発事故をきっかけに、ソーラー発電に注目が集まりました。これまで日本でソーラーシステムを製造販売していた大手メーカーは、パネルなど単体での販売は一切行なわず、高額なシステムをセット販売するだけのビジネスモデルでした。さらに、原発事故によりパネルの便乗値上げが発生しました。

これに怒りを持って立ち上がったのが、東京のオータムテクノロジーという会社です。この会社はパソコンの修理やホームページ作成などを手がけていたのですが、ここの社長が、安価で構築できるソーラーシステムを販売するために立ち上げたのが「蓄電システム.com」です。

どんなに掛け合っても、パネル単体を販売しない国内メーカーに愛想を尽かし、中国で信頼できるメーカーを探し、技術指導をし、安価で良質なパネルやシステムを提供し続けています。

2012年には太陽光の余剰電力の固定価格での買取制度が改定され、なんと全量買い取りが可能になりました。私のように早くからソーラー発電を導入した者は、自然エネルギーを使って生活したいというエコロジー的思想を持っています。ですから、発電した電気を自宅で使い、余剰を売るという制度に乗ったのです。

ところが、全量買い取りが決まると、とたんにソーラー発電が金儲けの対象となり、これまで自然エネルギーなどにまったく興味のない人たちが、目の色を変えて参入してきたのです。銀行から巨大な融資を受け、大規模発電所を建設し、月々の売り上げから返済をして、残りの利益を得る。外資も参入し完全なる投機となり、田舎の風景も一変しました。

私は未だにこの制度に反対です。ソーラーパネルは各家庭の屋根に付けるべきです。そして、すべての家庭がたった１００Ｗのパネルを付けるだけで、巨大な電力会社も原発も不要になるのです。

蓄電池であるバッテリーの進化には目を見張るものがあります。

バッテリーの容量にはAh（アンペアアワー）という単位が使われます。Ａ（アンペア：電流）×ｈ（時間）で、バッテリーの電圧は直流の12Vです。10Ahのバッテリーであれば、１Ａの電流が10時間取り出せる計算になります。

しかし、バッテリーは容量の１００％電気を取り出せるわけではありません。「放電深度」といって、ある容量を超えて電気を使用（放電）すると、バッテリーが破損（性能低下）してしまうのです。

一般的な鉛バッテリーは放電深度が70％ですので、容量の７割程度しか使えません。

さらに、家庭で使う電気製品は１００Ｖの交流ですので、直流のバッテリーから変換するためにインバーターという機器が必要になります。そして、この変換損失が15％くらいあります。

そして、バッテリーの寿命の目安に「サイクル寿命」があります。充電と放電を何回繰り返せるかという数値です。鉛バッテリーは３００〜５００回程度です。

これに対して、最近、高性能で高品質の「リン酸鉄リチウムイオン電池」という製品が頭角を現わしてきました。放電深度90％、サイクル寿命２０００回以上ですので、高性能なのはもちろん、コストパフォーマンスも鉛バッテリーと変わらないところまできています。

災害対策としてのソーラーシステム

高性能低価格のバッテリーが登場したことで、時代は「ソーラー発電」から「ソーラー蓄電」へと変わっていくことになります。

２０１９年には、ＦＩＴ（電力の固定価格での買取制度）が、古い発電所から終了を迎えることになりました。私もその対象となり、これまで48円／kWで買い取ってもらっていた電気が８・５円／kWに変更されたのです。

この価格では売電するよりも使ったほうが得だということで、各メーカーから蓄電システムの製品が発売されるようになりました。

蓄電システムに必要な機器は、

・ソーラーパネル
・チャージコントローラー
・バッテリー
・インバーター

です。その他にこれらの機器をつなぐケーブルが必要になります。

大手メーカーの製品は、これらがオールインワンになっているので、電気の知識がない人には便利なように映ります。しかし、一部の機器の故障により全取っ替えになることも考えられます。しかも、最初から高価な値段設定になっています。

ＥＶ（電気自動車）の普及とともに、それを使ったシステムも登場しています。ＥＶには大量のバッテリーが搭載されています。それをソーラーパネルと組み合わせて運用するものです。

ＦＩＴが終了した余剰電力でＥＶの充電を行ないます。それで車を走らせるのですが、いざ停電になったときは、ＥＶから家庭へ電力を供給するというシステムです。

私はこれに魅力を感じ導入を検討しました。しかし、充電（給電）スタンドだけで100万円。これに新たにEVを購入すると、まだまだ高価です。しかも我が家はストーブで調理できたり薪で風呂を沸かしたりと、災害に強い家になっているので、そこまで大きなバックアップ電源は必要ありません。この導入は断念しました。

2020年、エコ作家としてデビューするに当たり、移動書斎を導入することにしました。車は普通のガソリン車（軽のバン）ですが、そこにソーラー蓄電システム一式を組み込んだのです。パソコンで作業ができるように車内を改造し、その電源を供給するというものです。

ノートパソコンはわずかな消費電力ですむので、小さなシステムで十分なのですが、それを遥かに超える容量を装備することにしました。

目的は災害対応です。停電時でも、車載のバッテリーから電気を引っ張れば、電話やインターネットなどの通信環境を復活させることができます。

さらに考えたのが「電気宅配ボランティア」です。近年の災害多発状況で、停電が頻繁に起こっています。その際に多くの人が困ったのが、風呂が沸かせないことでした。ガスや灯油などの燃料はあるのに、電気がないことでボイラーに点火できず、風呂が沸かせないのです。

そのようなとき、車で駆けつけて電気を供給し、風呂を沸かしてあげようということです。もちろんスマホなどの充電も行なえます。

これからは、自治体のみならず、各家庭でもバックアップ電源の必要性が増してくると思います。小さなソーラーパネルで何日もかけて大きなバッテリーを充電し、いざというときにそれを使う。そんなセット商品も登場しています。

電気が必要である以上、それを自ら作ること。自給の精神が必要だと日々痛感しています。

3 生ゴミや糞尿を液肥に変えるバイオガスプラント

レンガをドーム状に積んだ手作りプラント

ここで紹介する「手作りバイオガスプラント」は、埼玉県小川町の桑原衛さんが考案・設計したもので、糞尿や生ゴミなどの有機物を投入し、そこからメタンガスと液肥が得られます。かつては「バイオガスキャラバン」なるものを主宰し、桑原さんが建設希望地に赴いて指導しながら作り上げる、というやり方をしていました。

私は、1998年に開催された「小川町自然エネルギー学校」（月1回で1年間）に参加し、そこで桑原さんと知り合い、翌年に彼の指導のもと、ボランティアの協力でバイオガスプラントを完成させました。プラントの構造はレンガを積み上げたドーム状であり、前後に原料（有機物）投入口と排出口が付いています。排出パイプの先にはもう一つ小さなドーム（加圧槽）があり、この内部の液面と発酵槽内の液面との高さの差によりガス圧が発生するしくみになっています。

施工期間は1日4人で約1カ月。直径4m、深さ2mほどの穴をユンボで掘り、基礎コンクリートを投入してからは、手作業となります。レンガを800個以上使い、それをひたすら積み上げる作業です。モルタルをこねてレンガをドーム状に内側から積んでいきました。

簡易水洗トイレを連結、生ゴミや野菜クズも原料

バイオガスプラントを見学される方のほとんどが

「店（2018年末で閉店したラーメン屋）のガスも賄っているのですか」と質問します。私も実際に作る前は、期待値が膨らんでいたことを思い出します。しかし現実は少し違っていました。

・夏場と冬場のガスの発生量にかなりの差がある。

・設計値（1日1m^3のメタンガス）を得るために必要な有機物を集めて、それを水と混ぜて投入する作業が結構大変で続かない。

このような状況の中、「ガスを得るために有機物を集める」という考え方をやめ、「出ただけの有機物をこのプラントに処理してもらったうえで、できた分のガスを使う」ことにしました。

私は以前から、水洗トイレで使う水の量に疑問を抱いていました。糞尿をバイオガスプラントに投入することでそれを解決しようという目的もあったのです。コップ1杯の水で流せる簡易水洗トイレをバイオガスに連結することで、思いを実現することができました。最初は夫婦2人分でしたが、子どもが生まれて成長していき、トイレの使用者が5人になり、ガスの発生量も増えていきました。その他に、家庭の生ゴミや野菜クズ、鶏のエサにもらってくるおからの余分などを投入しています。

それは設計値よりも少ない量です。ガスの使い方としては、大量に発生する夏場には、麦茶を沸かしたりジャガイモやうどんをゆでたりします。それ以外の季節は、ガスがたまったら何かに使う、もしくはちょっとお湯を沸かしたいときなどに使っています。

ガスよりも液肥、堆肥作り不要

ガスに関しては、期待していたほど便利なものではなかったのですが、もう一つの産物「液肥」は期待以上のものでした。投入する有機物が設計値よりも少ない我が家の場合は、排出される液肥がほぼ完全に分解されており、ほとんど臭いもしません。逆に、設計値よりも多くの有機物を投入すると、分解途中の臭いのする液肥が出てきます。虫もわきます。

以前は、鶏糞・おから・米ヌカ・落ち葉などを集めて積んで堆肥を作っていました。しかし、バイオガス

我が家のバイオガスプラント

断面図

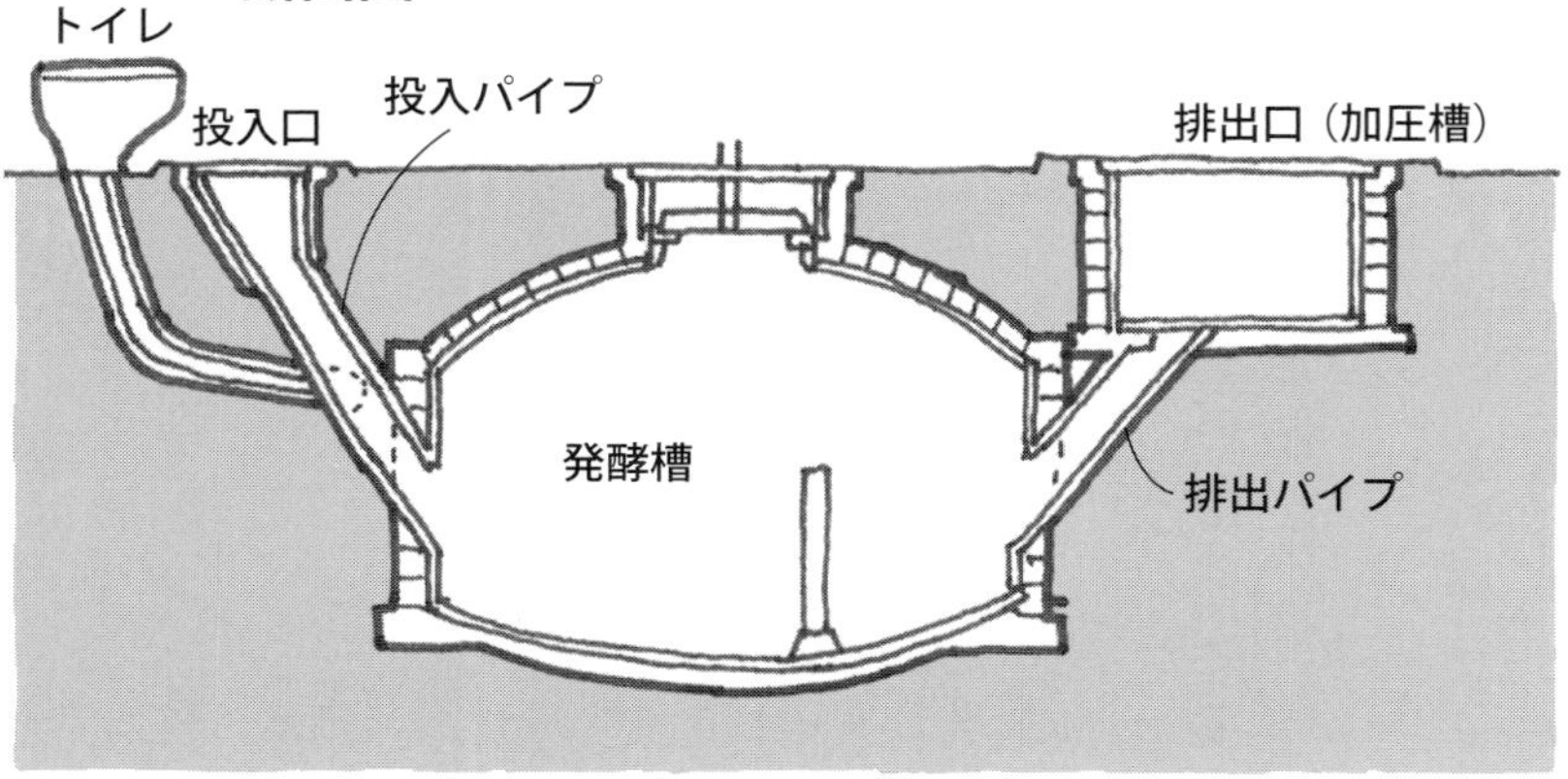

上から見た図

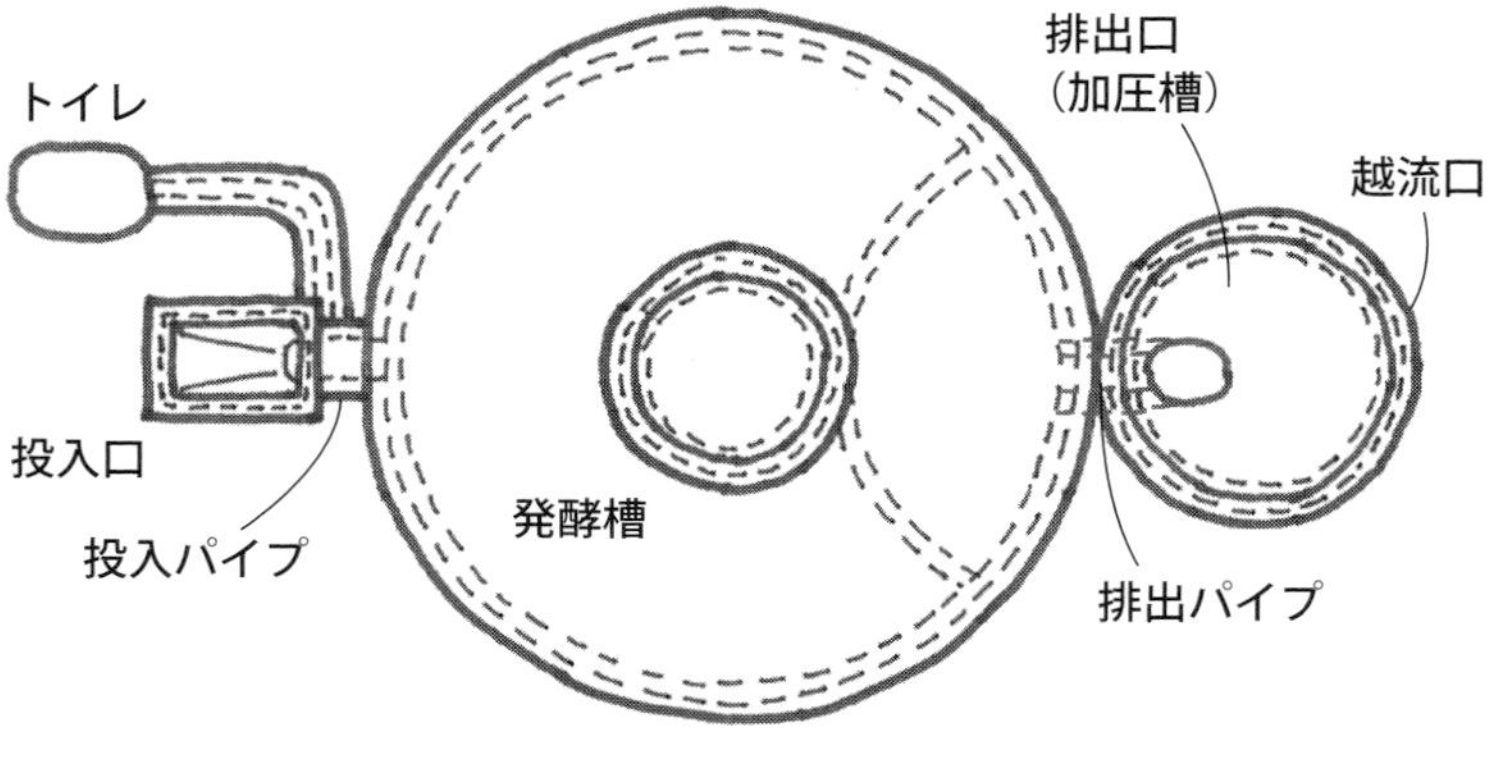

バイオガスプラントができるまで

まず直径４ｍ、深さ２ｍの穴を掘り、基礎コンクリートを投入

レンガをドーム状に内側から積み上げる

完成が近づいてきた。手前が発酵槽、奥が液肥がたまる加圧槽

の液肥を使うようになってからは、堆肥作りは行なっていません。田んぼでも畑でも、作物を作る前に、たまった液肥を軽トラの荷台のタンクにバケツで入れて、それをホースでまくだけです。たったこれだけのことで、良質な有機作物ができるのです（注）。毎日トイレに行って生ゴミを捨てるだけで、自動的に液肥が作られるのです。

バイオガスプラントの建設費用は材料費が約35万円でした。労働はすべてボランティアです。

（注）地力の弱いところや肥料を食う作物（ジャガイモ、キャベツ、ハクサイなど）には鶏糞も使います。

3月、まずジャガイモの植え付け前に散布

1年の農作業の始まりは、3月のジャガイモ植えです。その前に液肥をまいてトラクタで耕すことから始めます。その後、田んぼに液肥をまいて荒起こしするのですが、まとめて液肥が必要な場合は、ガスの使用をやめます。ガスが内部にたまるにつれてドーム内のガス圧が上がり、それによって液肥が排出されてきます。液肥の使用がメインで、そのためにガスを使ったり止めたりするのです。液肥が主でガスが従だということがおわかりかと思います。

4 導入コストもランニングコストも極めて安い薪ストーブライフ

薪ストーブの設置まで

東日本大震災をきっかけに電気の使用を見直すなかで、いくつかの偶然が重なって薪ストーブを設置することができました。これが、じつに幸せなんです。

薪ストーブは、高額であることや薪の調達が難しいなど、導入のハードルが高いと感じる人も多いと思います。たとえば、とある業者のホームページには、薪ストーブ本体が20万～60万円、煙突の部材が50万～70万円、そして設置費用に30万～40万円と、最低でも１００万円かかると紹介されています。これに安からぬ薪代が加わるとあれば、導入を見送りたくなる気持ちもよくわかります。

ここでは私が検討を重ねた結果実現した、イニシャル（導入）コストもランニングコストも極めて低い薪ストーブライフを紹介します。

〈調理できる薪ストーブ〉

薪ストーブには大きく分けて鋳物と鋼板（鉄板）製のものがあります。鋳物は高温（３００℃以上）にすると変形してしまうので、ストーブの上での調理は得意ではありません（その代わり、製品によっては、薪をじっくり一晩中燃やすことができます）。

私が２０１３年に購入したのはモキ製作所（長野県）の「ＭＤ70」（本体８万９０００円。現在は販売終了）という鋼板製の薪ストーブです。天板が８００℃以上になるので、いろんな調理に使えます。薪の燃焼が早いので朝までじっくりというわけにはいきませんが、薪の種類を選ばず、柱材のスギやヒノキも使えるのが大きなメリットです。

私が体験・見聞した薪ストーブのあれこれ

最近はさまざまなメーカーから多種多様な薪ストーブが発売されているので、「こういう種類のストーブはこのような特徴がある」と一概に言うことができません。そこで、私が購入して使用したストーブと、この目で見て聞いてきたものの特徴を解説することにします。

①ステンレス製時計型ストーブAS-60（最も安い部類）
ホンマ製作所、価格8800円、最大熱出力:3600kcal/h、暖房面積：10～15坪　（2013年に導入）
●狭いスペースであれば部屋用としても使える。
●容量が小さいので太い薪は入らない。
●高温調理可能。
●ハゼ折りステンレス煙突シングルを使用。費用は１ｍ1000円くらい。

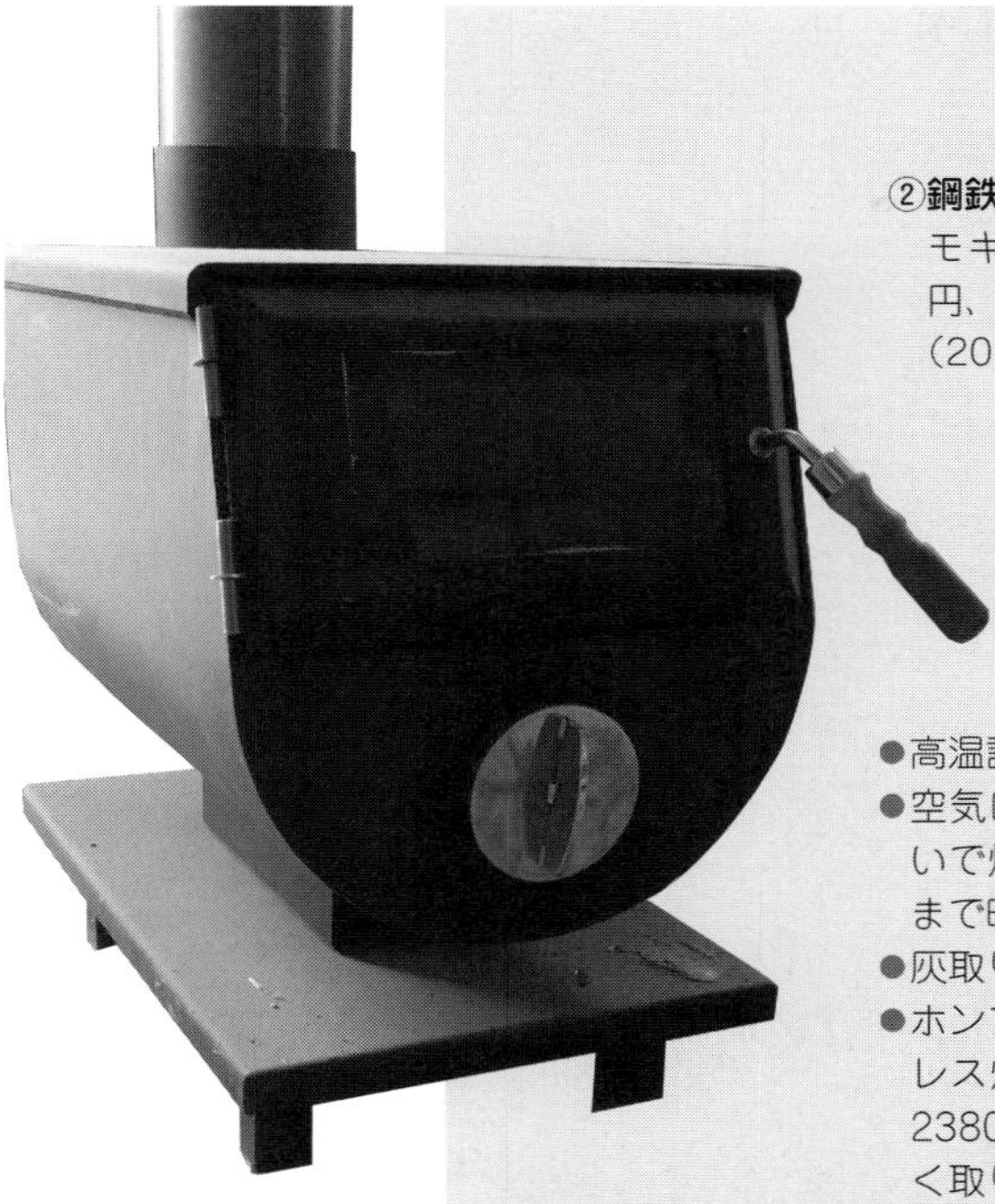

②**鋼鉄製薪ストーブMD80 Ⅱ**
モキ製作所、価格24万8000円、熱量：1万9430kcal/h（2016年に導入）

- ある程度の容量があるので太い薪が入り広範囲の暖房が可能。
- 高温調理可能。
- 空気口を調節しても2時間くらいで燃え尽きてしまうので、朝まで暖めることはできない。
- 灰取り、煙突掃除は月1回程度。
- ホンマ製作所のハゼ折りステンレス煙突シングル（150φ1m 2380円）を使用することで安く取り付けることができる。

③**高価な鋳物製薪ストーブ**
茨城県A氏が2012年に導入
本体80万円、壁出し2重煙突込みで総額約200万円
- 朝まで火が消えずに燃焼可能。
- 高温にはできないので調理には不向き。
- 灰取りは3日に1度。灰の捨て場がないので、家の周りが灰だらけになっていた。
- 針葉樹は燃やせない。

我が家の薪ストーブの配置

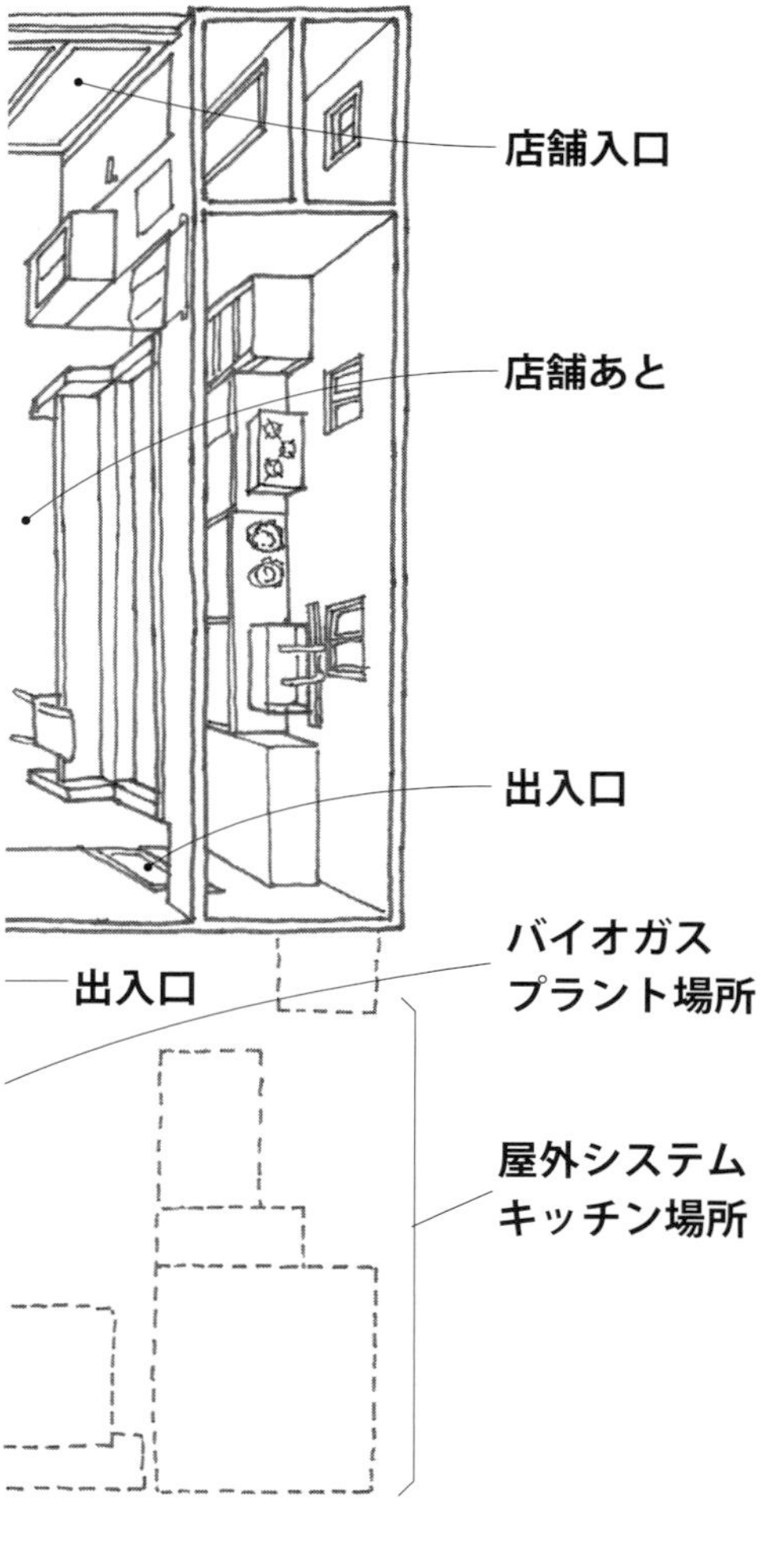

我が家の薪ストーブ

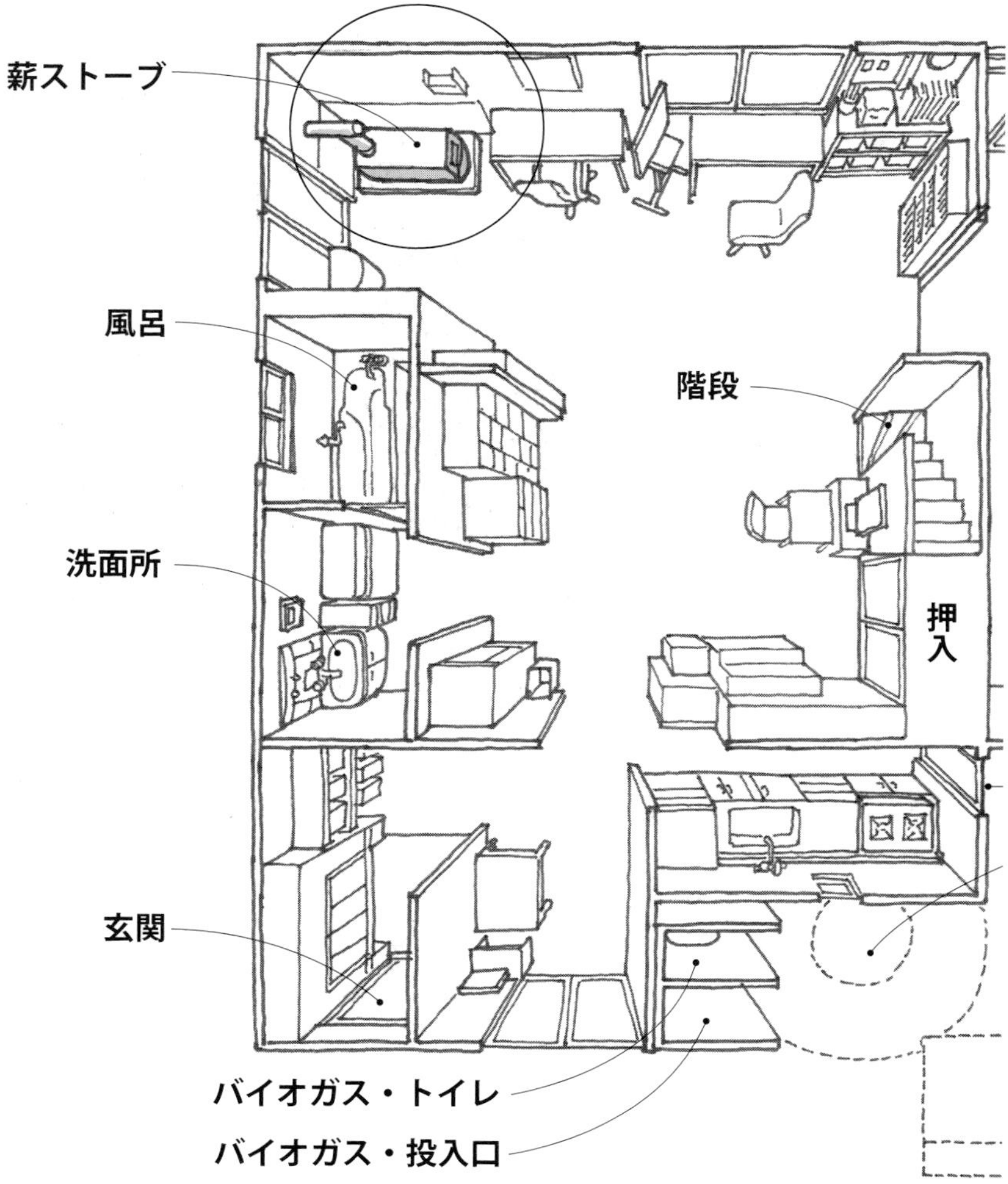
薪ストーブ
風呂
階段
洗面所
押入
玄関
バイオガス・トイレ
バイオガス・投入口

③壁出しの設置例

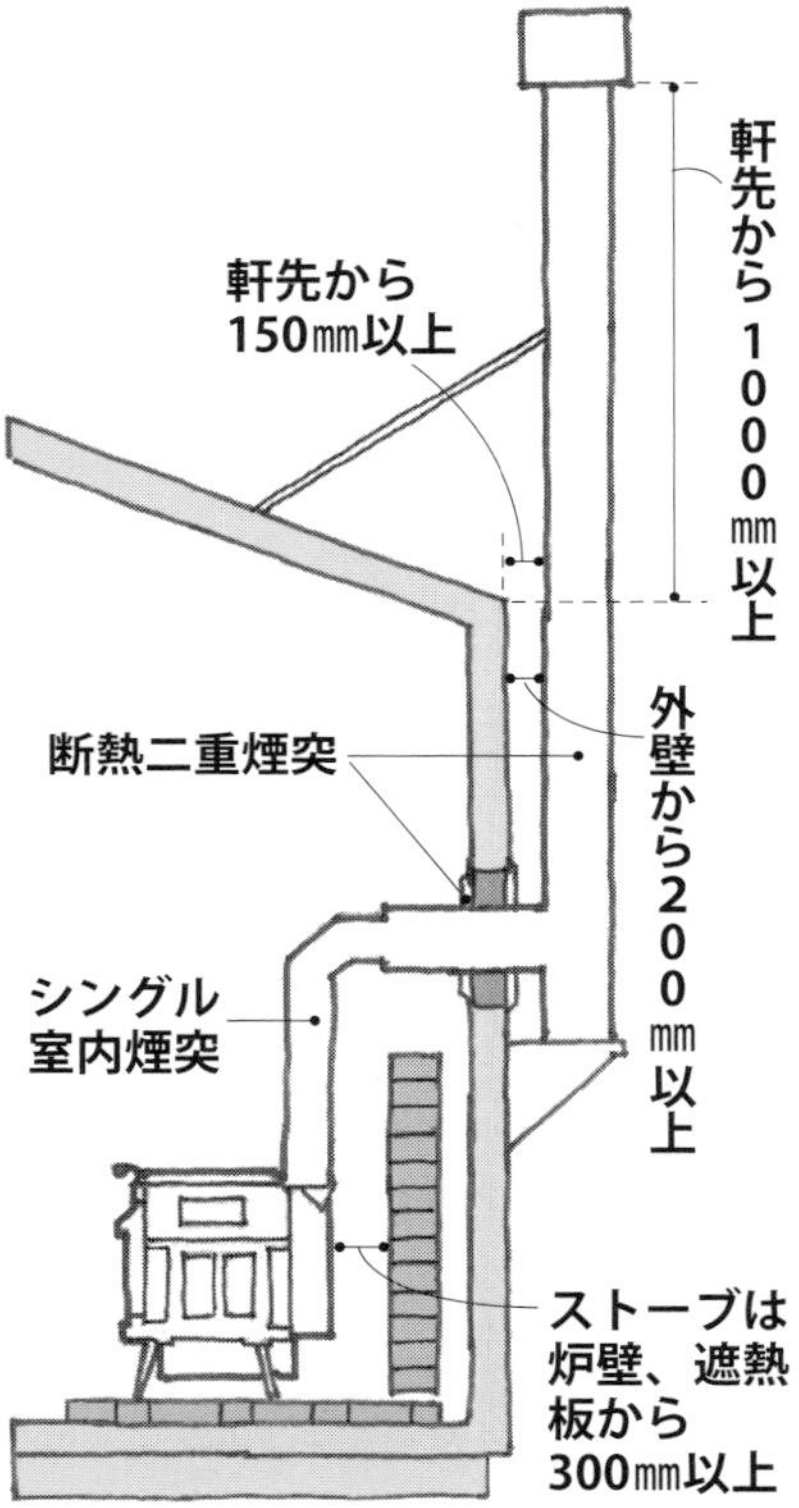

我が家の薪ストーブの煙突

にします。

煙突は屋根の上まで上げる必要があるので、軒を回避するために「エビ曲げ」という部品を使います。これで煙突を軒に沿って取り付けることが可能になります。

我が家でもこのような形で煙突を設置して運用してきました。エビ曲げがあることで屋根の上からブラシを入れる必要がありました。月１回といえど、高所は苦手なのでおっくうでした。家の構造によってはかなり高くなるので、危険も伴います。

これを解決するために、工務店に依頼して軒を写真のように加工してもらいました。これにより、煙突は立ち上がりから直立で取り付けることができ、地上から煙突掃除ができるようになりました。快適な薪ストーブライフが「完成した」と言えるでしょう。

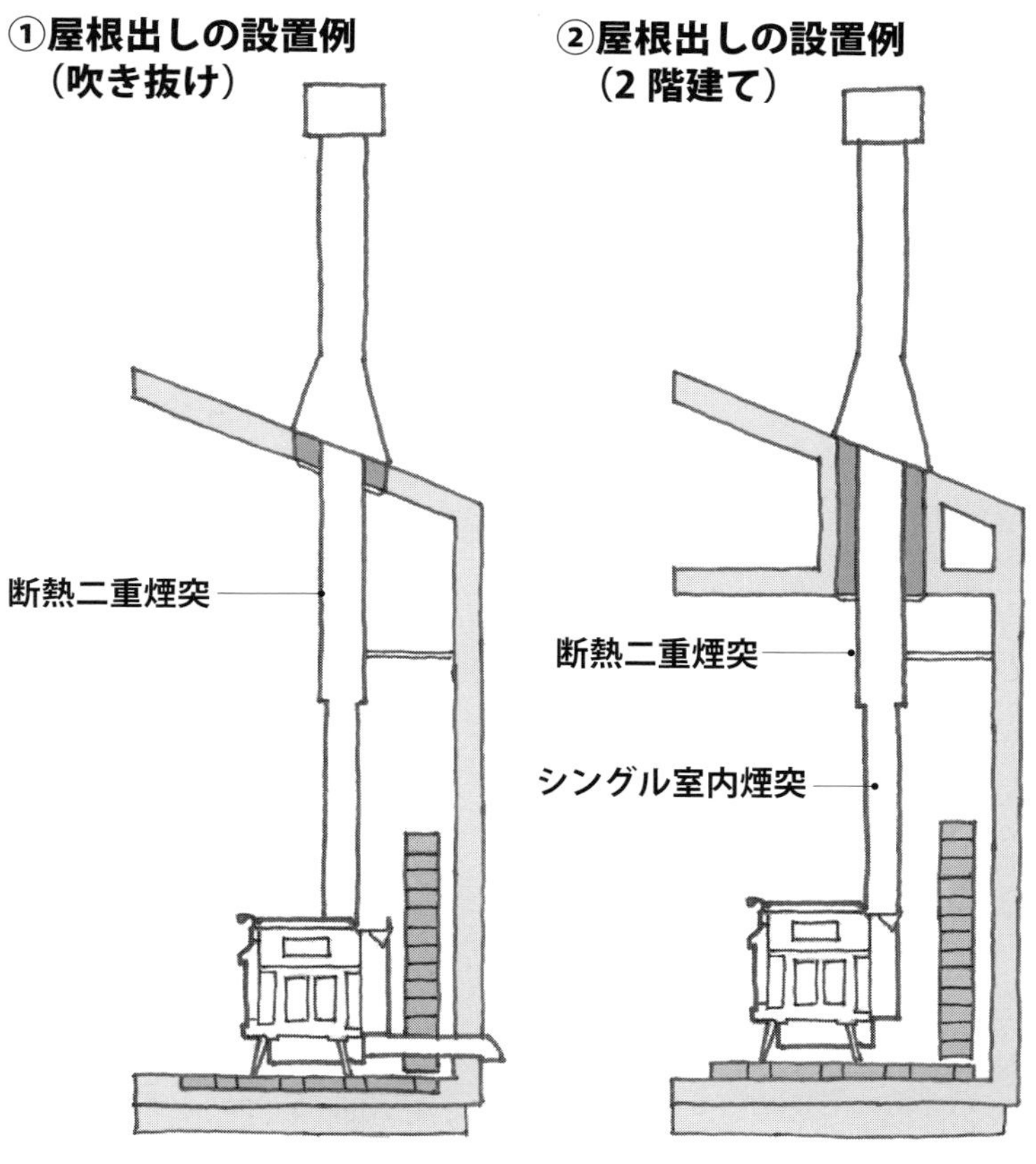

煙突の取り付け方法には屋根出しと壁出しの2つがあります。屋根出しは素人には施工できず、工事費もかさみます。私のように、お金をかけずに薪ストーブを導入するには、別の視点で構築する必要があります。

その条件は「壁出し」にしたうえで「極力横引き（横向きの箇所）を短くする」ことです。ですから、ストーブの設置場所は、壁からぎりぎりの場所になります。設置例の③（ホンマ製作所 https://www.honma-seisakusyo.co.jp/product/stovepipe/ より引用）にあるように、室内の炉壁からストーブまでの間隔と室外の壁から煙突までの間隔が消防法により決まっているので（図の③に示した間隔）、その最短の寸法で横引きの長さを決定します。購入する煙突は50㎝や1mなどの定型なので、切断して最短の長さ

〈設置場所に悩む〉

さて、最初の難関は設置場所です。いくつかの要素が複雑に絡んできます。

まず、煙突は直立のほうが空気の「引き」がいいが、屋根を突き破ると工事費が高くなる。また、暖房効率を上げるには家や部屋の真ん中に置きたいが、煙突の引き回しが長くなり、部屋のスペースが潰れる。そして、煙突を引き出す位置の屋根が高いと、煙突の掃除が大変になる。

我が家は４ＬＤＫ＋店舗（建坪30坪の２階建て）。最終的に決めたのは１階の部屋の隅、屋根が一番低い場所でした。最短の煙突を壁から出すことでコストを抑えることができました。

〈本体よりも価格が高い煙突〉

最初の見積もり時は「２重煙突」を提案されました。寒冷地の場合、シングル（１重）の煙突では外気との温度差が大きく、ススがたまりやすくなるという理由です。問題はその価格で、ストーブ本体よりも高いのです。

悩みましたが、ここは経験者である知り合いの言葉を信じて、シングル（１重）煙突を選びました。心配していたスス掃除も、結果として月１回程度ですんでいます。

壁に穴を開ける工事と煙突の設置は工務店に依頼しました。しかし、煙突を取り付けるだけで14万円かかるというので、自分で取り付けることにしました。やってみれば金具で固定するだけのことでしたが、初めてのときはよくわからず、不安なものです。工務店に依頼したのは壁に穴を開けて眼鏡石（中央に穴のあいた石様の断熱材）を入れる作業のみ。２万８０００円ですみました。

結局、ストーブ本体と煙突、眼鏡石、断熱壁など一式で20万円。計23万円程度で設置できました。

薪は無料で集まってくる

薪代を心配する人も多いと思いますが、始めてみると、まったく問題ありませんでした。近くの荒れ地に伐採した大木が放置してあり、当初はそれを薪として

タダでもらって薪小屋に積み上げた柱材の山

使うことにしていました。1～2年はもつくらいの量だったので、その間に次の調達先を探すつもりでいたのです。

ところが、調達先はすぐに見つかりました。壁の工事を頼んだ大工さんが「うちの会社に薪がいっぱいあるよ」と言うので行ってみると、想像以上の量の端材がありました。我が家を建ててくれたこの会社は、今では珍しい「自社刻み」をしていたのです。他の会社はプレカット（加工済）材を使うので、端材はあまり出ません。

週に1回、軽トラに満杯の薪を運んで、3カ月ほどで1年分が調達できました。春から夏にかけてもらいに行けば独占状態です。担当者からも「持って行ってくれて助かります」とお礼を言われました。すべて無料です。

参考までに、それ以外の安く薪を集める方法を紹介します。①神社で社《やしろ》の木を定期的に伐採しており、倒木を片付けてほしいと頼まれる。②自治体によっては、伐採した木を捨てる場所があり、持ち帰り自由になっ

薪を安く集める方法

個人の家に庭木があれば、手入れをしたときに伐り枝が出たり、あるいは、木そのものを伐採したりすることがあります。そうした情報を聞いたときは、薪の材料をもらいに行きましょう。

神社の境内には、たいてい大きな木が植えてあります。神社の関係者と仲良くなれば、枝落としなどで薪の材料を入手できる機会を教えてくれるはずです。ほかにも、公園、学校など木のある場所は、意外に多くあると思います。

工務店では必ず木端などの端材が出てくるはずです。廃棄物として捨てられる前に、薪としていただきましょう。

ここは木の集まる場所ですから、薪を手に入れるための本命です。廃棄物として捨てられる木材を、定期的に入手できるように交渉しましょう。

ている。③プレカットセンター（木材加工所）によっては軽トラ1台500円で端材がもらえる。④田舎では冬場になると、育ちすぎた木を伐採するチェンソーの音があちこちから聞こえてくる。そこに行けばタダでもらえる確率が高い（と思う）。

幸せ薪ストーブ生活

幸い、部屋の仕切りがすべて襖だったこともあって、薪ストーブ1台で住居（2階の部屋を含む！）も店舗も全部暖めることができます。こたつも補助暖房も必要なし。暑がりの三男は、真冬でもアロハシャツに短パンで過ごしています。豆や肉など長時間の煮込み料理も、ガスを使うことなく仕上がります。燃焼に必要な外気が室内に取り入れられ、常に新鮮な空気に入れ替えてくれる薪ストーブは、健康にもいいのか、導入以来、咳き込む喉の風邪が家族全員少なくなりました。

こうして暖房に電気も灯油も一切使うことなく、無料の薪で過ごす快適な冬が今年（2020年）で7年目を迎えています。この間、何台かの薪ストーブを追加購入して、屋外や古民家や自作の小屋などで使用しています。ホームセンターで売っている1万円しない時計型ストーブでも、一部屋だけなら十分に暖まります。ポイントは、安い本体、壁出しのシングル煙突、無料の薪の調達です。皆さんもチャレンジしてみてはいかがでしょうか。

高温になるので、ストーブの上で炒め物もできる

5　薪ストーブを料理に活用、「屋外システムキッチン」

屋外システムキッチン

薪ストーブの使い方に慣れてくると、潤沢な薪のストックを前にして、次の展開が浮かんできます。

母屋の薪ストーブは調理にも利用していますが、暖をとるために薪ストーブを使うのは10月中旬から翌年の4月中旬まで。このうち一日中焚くのはよっぽど寒い時期だけで、それ以外は朝晩だけです。調理のためとはいえ、寒くもないのにストーブに火を入れると、部屋が暑くなって大変です。

ではどうするか――。屋外にもストーブを置くことにしました。こちらはホームセンターで売っている「時計型ストーブ」で、本体と煙突で1万円ちょっと。少し工夫して、お勝手のコンロと同じ高さに設置。完全に調理専用です。

これで1年を通じて薪で調理することができるようになりました。屋根を付けたので、雨天でも使用できます。使用頻度が増えると1台では足りなくなり、すぐに2台目を購入しました。

購入した時計型ストーブは天板をはずして、鍋を直火にかけることができます。ガスに匹敵するほどの火力を得られますが、鍋底が真っ黒にすすけてしまいます。そこで直火用とそうでない鍋を料理によって使い分けて、直火鍋専用の棚も作りました。「屋外システムキッチン」の完成です。

屋外キッチンの最大のメリットは、羽釜を直火にかけて、薪でご飯が炊けるようになったことです（64頁）。噂には聞いていましたが、同じ米が、これほどうまくなるとは思いませんでした。

我が家の屋外システムキッチン

薪ストーブ2台で作った屋外システムキッチン

テーブルとベンチ（テーブルの奥）

ウッドデッキ

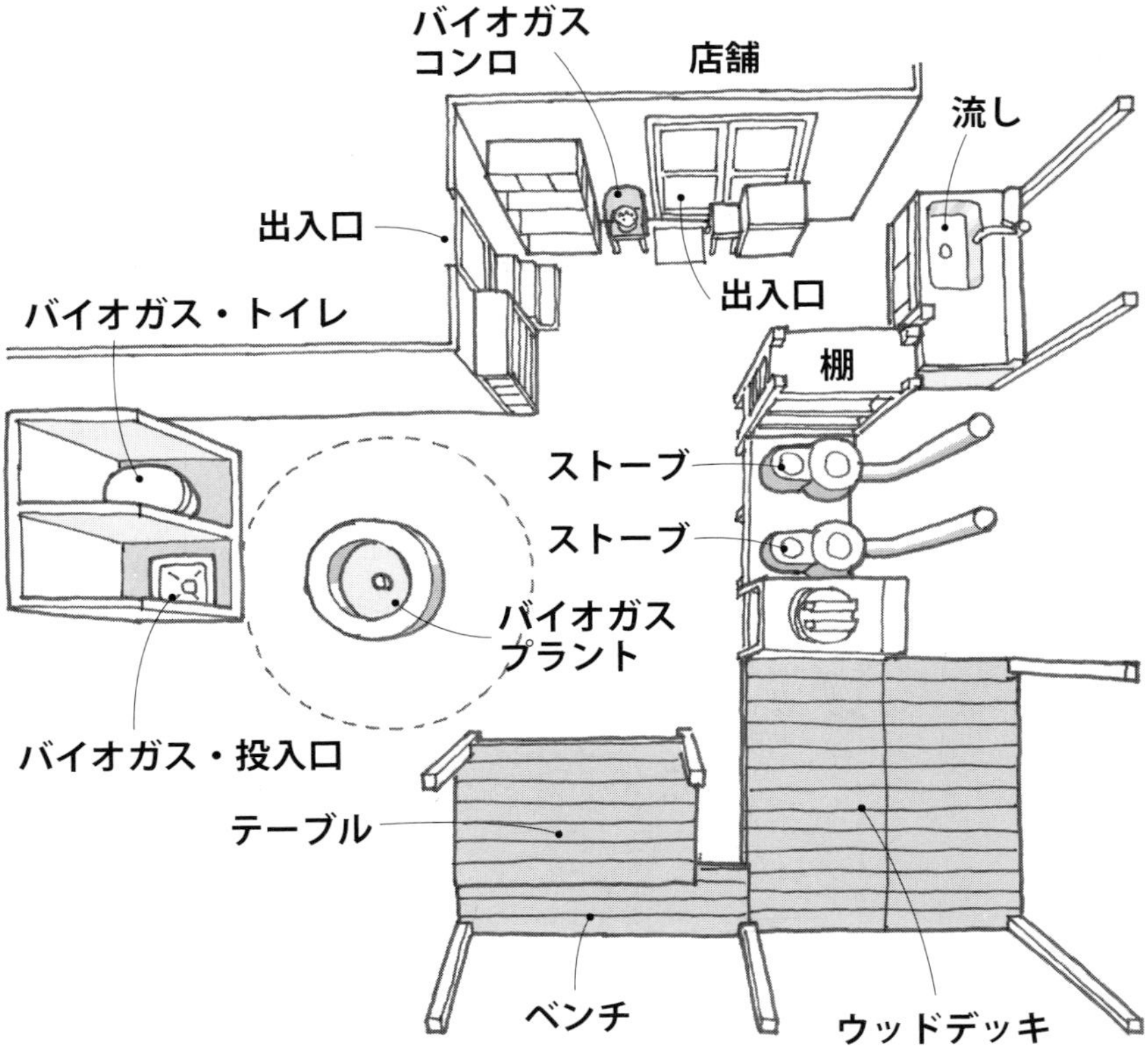
バイオガス
コンロ
店舗
流し
出入口
出入口
バイオガス・トイレ
棚
ストーブ
ストーブ
バイオガス
プラント
バイオガス・投入口
テーブル
ベンチ
ウッドデッキ

お金をかけないストーブグッズ

屋外システムキッチンのそばには、薪ストーブ生活に必要な道具が置いてあります。薪ストーブは基本的に、裕福な層をターゲットにしているので、その小物類も皆高価です。私はそれを、貧乏の知恵で解決してきました。

まず、耐熱グローブは本革左右セットで5000～1万円が相場です。左はどうせ使わないのにこの値段です。そこで代わりになるのが5本指のシリコン製キッチンミット。約1500円。左右リバーシブルなので、どちらでも使えます。火バサミは百均でも売っていますが、バネの質が悪く、すぐにダメになります。おすすめは持つところがゴムでコーティングされているもの。ホームセンターで500円前後です。ツールスタンドは子どもが保育園時代に鞄や帽子をかけていたものを流用。値段は覚えていませんが中古品です。

薪を運ぶキャリーバッグは自作することで、値段と使い勝手の両方を解決しました。市販品は同じ長さの

自作の薪キャリーバッグ

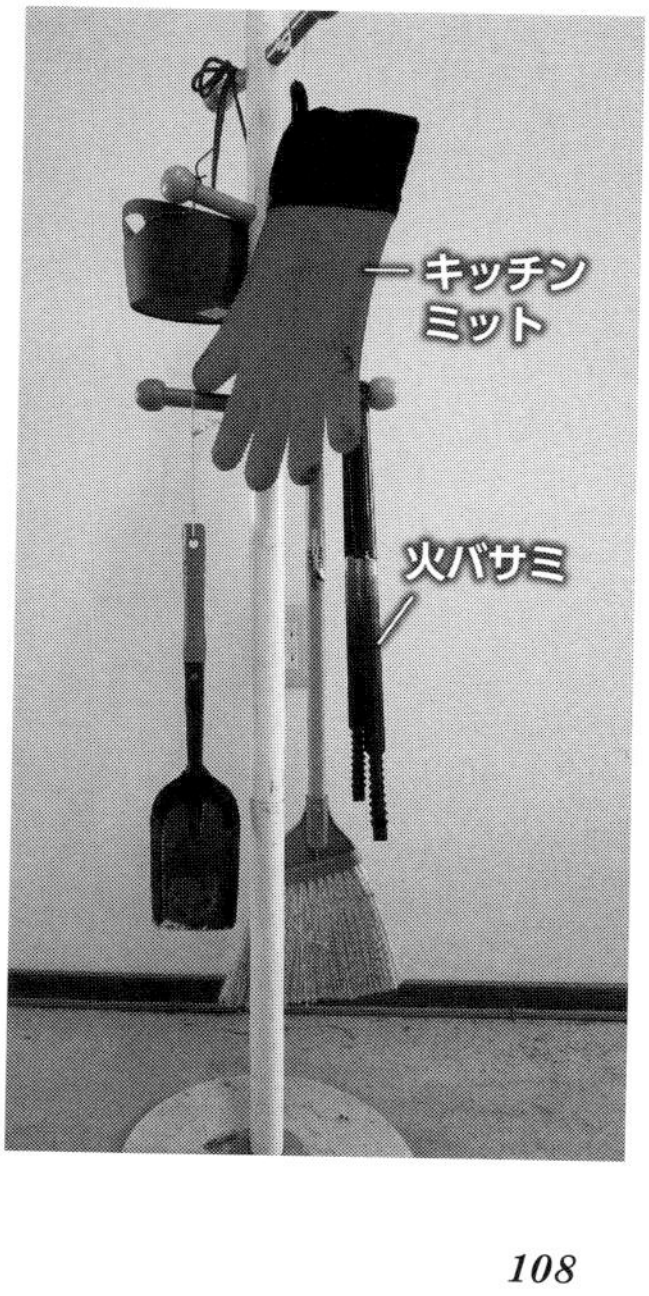

薪ストーブ用ツールスタンド

オリジナル薪キャリーバッグの型紙

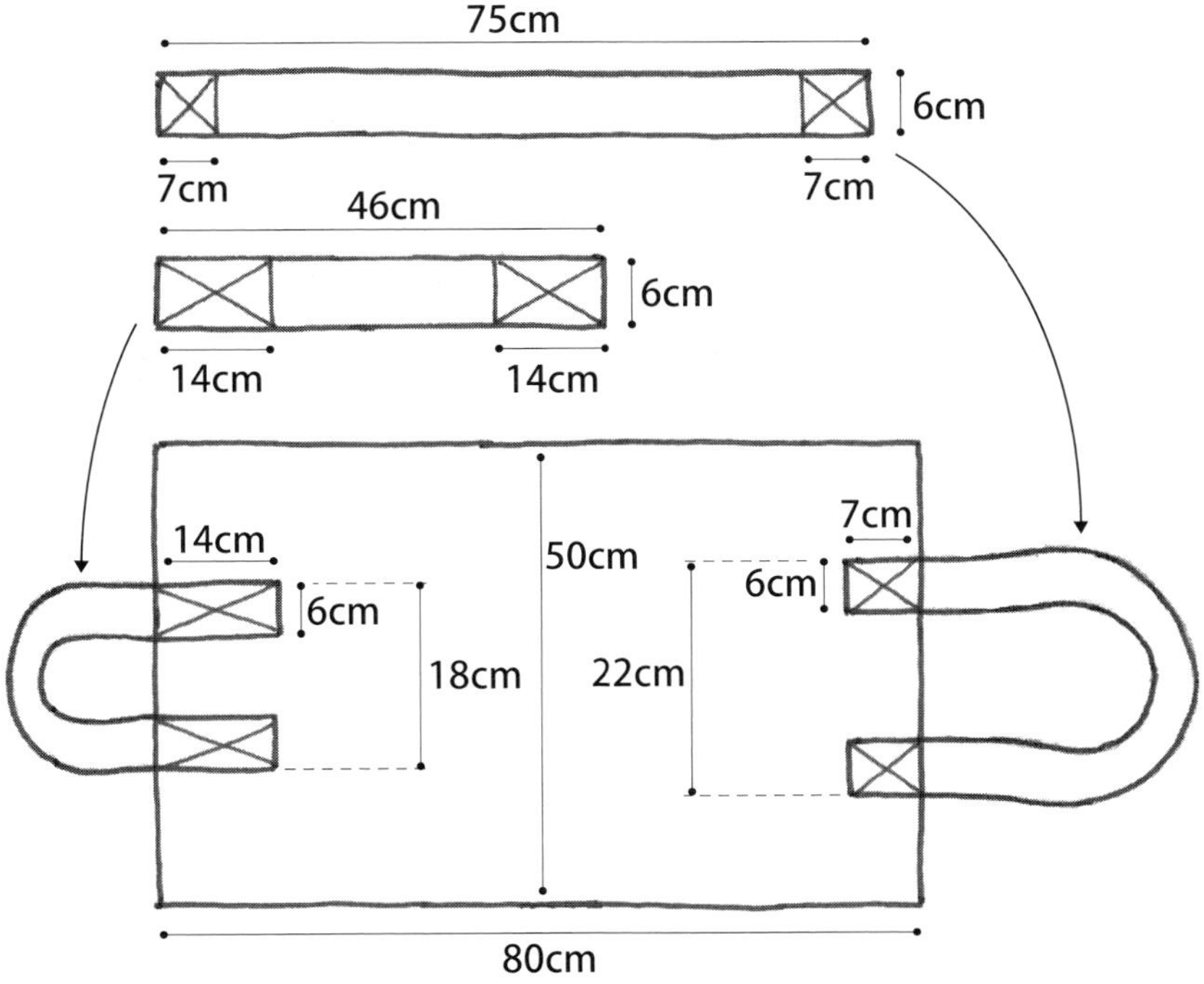

※デニムのような厚手の布地がよいです。

屋外システムキッチンで煮たダイズ。
極上味噌になる

取っ手が袋の縁に付いていて（バッグのように）、片手で持ちながら薪を詰め込めません。そこで片側を左の肩にかけて右手で薪を入れられるよう、取っ手の長さを変えたオリジナル薪キャリーバッグを作りました。使い勝手バツグンです。

屋外キッチンで作る極上味噌

我が家では毎年2月になると、この屋外システムキッチンで味噌作りを行ないます（70頁）。買うのは麹菌と塩だけ。自家製の有機無農薬の米とダイズを使い、自然海塩と湧き水で仕込みます。高級市販品に勝るとも劣らない味噌が、安く作れて贅沢に使えるのは自給生活の醍醐味です。

6 屋外サロンで火を囲んで料理を楽しむ

屋外料理は気持ちいい

8年前の東日本大震災・福島原発事故は、家庭のエネルギーを見直すきっかけになりました。その衝撃が大きかったことから、単に「省エネで節約を目指す」という小手先の改善にとどまらず、生活そのものを変えた人もいました。私もその一人です。

あのとき注目されたのが「ロケットストーブ」でした。自分で簡単に作れるし、燃焼効率のよさが評判を呼んだのでしょう。我が家でも一斗缶で製作し、裏庭でお湯を沸かしたり肉を焼いたりしてみたのですが、ここで意外なことに気づいたのです。屋外で火を焚いて料理をして食べるのは、とても気持ちのいいことだと。

キャンプやバーベキューなどがそれに該当しますが、それは非日常のイベントです。ところが、家の裏庭にロケットストーブが置いてあると、いつでも「火遊び」ができることになります。このおもしろさに夫婦でハマってしまい、夜な夜な酒を片手に外で過ごす生活が始まりました。

一斗缶のロケットストーブでは火力と調理スペースが少ないので、すぐに物足りなくなってきました。そこで七輪を引っ張り出しました。ちょうどそのころ、庭に穴を掘って「伏せ焼き」という方法で炭焼きをしていたので、自家製の炭を利用しました。これでどんどんつまみが焼けて、酒も進みます。俄然楽しくなってきました。

消し炭を作る

伏せ焼きの炭作りは、我が家では最近やっていません。今、我が家でやっている簡単な炭作りは、消し炭の方法です。その方法を紹介します。

＊厚い材木をカットしたものが炭材として適しています。

①ストーブで薪を燃やす。

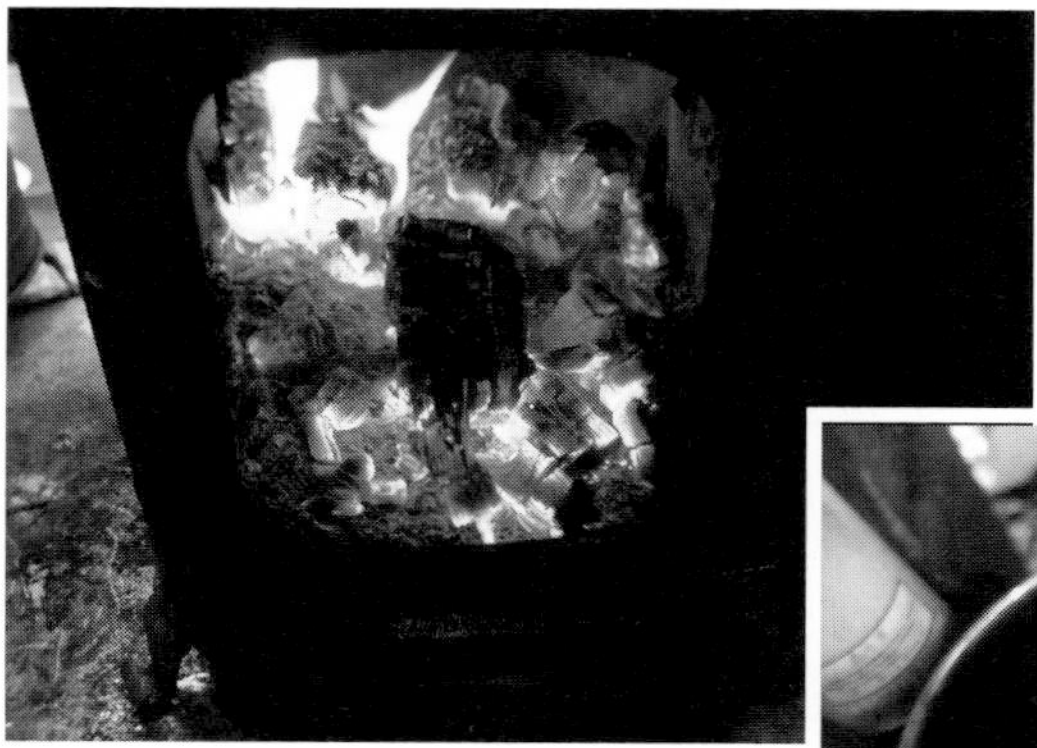

②おき火ができたら
容器に入れる。

③蓋をして冷ませばでき上がり。

廃材で作ったテーブルで
執筆中の筆者

長さ1間（1.8m）ある
ベンチは大人3人が
ゆったりと座れる

進化する屋外サロン

しかし、雨が降るとこのイベントも中止になります。天候に左右されてガッカリするのを解消するため、屋根を付けることにしました。

この第１期工事では、屋根のほかに簡易なベンチやテーブルも作り、これまで地べたに座っていたところから前進です。また、時計型ストーブを傍らに置いて鍋やフライパンも使えるようにしました。

こうして外で過ごすことが多くなると、さらなる改善点が見えてきます。それを実現するための第２期工事は次のようなものでした。

・台風が来ても外で過ごせるように屋根を拡張する。

・家族５人がゆったり座って食事ができるようなベンチとテーブルに作り替える。

・調理用の薪ストーブ（時計型ストーブ）を２台にして、お勝手のガスコンロと同じ高さに

テーブルの中央に七輪を埋め込めるようにした。炭火で焼いた地鶏のモモ肉の味は格別

七輪を使わないときはフタ（板）をする

引き上げる。

・昼寝ができるウッドデッキを設置する。
・商用電源を引き込んで電球を付ける。

七輪をテーブルに埋め込んだ

そして一番の目玉は、テーブルの中央に七輪を埋め込んだことです。これまでは地べたに七輪を置いて、焼けた料理をそのつど皿に盛っていたのですが、これで焼きながら食べることができます。七輪を使わないときは片付けてフタをすることで、テーブルが広く使えるようにしました。

第2期工事は、薪としてもらってきた建築廃材のなかから長くて使えそうな材木をため込んでいたので、木材を一切購入することなく仕上げることができました。ウッドデッキも廃材の板をつなぎ合わせて作りました。購入したのは屋根材と塗料などわずかです。

長靴を履いたまま調理できる「屋外システム

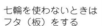

キッチン」もこのときに完成しています。水道もバイオガストイレも近くにあり、食事ができるテーブルとベンチ、ゴロンと寝転がれるウッドデッキもある屋外サロン。あとは風呂があればここで生活できるじゃないか、という具合にテンションが上がりました。

七輪と金網なら掃除がラク

炭火焼きのうまさもさることながら、七輪と金網の使い勝手にも目を見張るものがあります。以前、焼肉屋に行くとお金がかかるので、カセットボンベ式の焼き肉コンロを使っていたことがありましたが、食べ終わった後のコンロの掃除が大変でした。鉄板にこびりついた肉の脂がなかなか落ちないのです。

しかし、七輪と金網の場合はそれがありません。金網にこびりついた脂は焼き切って、ワイヤーブラシでこすれば簡単に落ちます。炭の上に落ちた脂も熱で蒸発してしまうので、七輪が汚れることもありません。毎日バーベキューを楽しむためには、道具のメンテナンス性も重要です。

7 うまい湧き水と、太陽熱&薪で温めたお湯

人生で一番うまかった水

脱サラ後、石川県の自然農場で研修を始めたのは8月でした。炎天下の中、田んぼに這いつくばって2時間以上の草取り。体はフラフラ、喉はカラカラで、足を引きずってたどり着いた水汲み場。火照った顔ごと水に突っ込んで、ガブガブと喉に流し込む。これほどうまい水を飲んだのは、後にも先にも経験がありません。

農場には、雪国だからなのか、一年中豊富な湧き水

車で5分の場所で汲める湧き水。水がうまいと、お茶もご飯も格別となる

が流れ出ていました。真夏でも水が冷たいのは、一度地下を通ってきている証拠。この水で米を炊き料理を作っていたのですから、食事がうまかったのも当然でした。

石川県の研修先で水の重要性に気づいた私は、群馬に戻ってから真っ先に「水の汲めるところ」を探すことにしました。食にこだわっている人は、必ず水にも気を遣っています。そうした地元の「先輩」と知り合いになり、水汲み場を2カ所教えてもらうことができました。

幸運にも、そこは私の家から車で5分と10分という近さです。一つは夏場でも冷たい、地下浸透した湧き水。もう一つは、上流に人家のない沢の水を汲めるところ。主に湧き水を使っていますが、雨が少ない冬場は枯れてしまうので、その期間は沢の水を汲みに行っています。

ここには、片道1時間ほどかけて水を汲みに来る人もいます。我が家は頻繁に汲みに行けるので、常に新鮮な水を飲むことができます。料理はもちろん、お茶もコーヒーも水割りも、味の違いは歴然。これがタダで手に入るのは、本当にありがたいことです。

備えの井戸

家には井戸もあります。現在住んでいるところは、母方の祖母の家の敷地で、昔の農家です。当然のように井戸があり、昔はその水で生活していました。しかし私は、幼い頃から井戸水をうまいと感じたことがなく、石川から帰ってきた時点でもそれは変わりませんでした。我が家の井戸は深さも2mほどと浅く、上《かみ》の畑で農薬を使っていることもあり、井戸水を飲み水にするのはやめました。

ただし、非常時の備えとして残してあります。その井戸に、最初は鉄製のいわゆる「ガッチャンポンプ」を設置していましたが、これは頻繁に使わないとパッキンがダメになったり、錆びて劣化したりします。そこで現在は、プラスチック製の手押しポンプを置いています。野ざらしにしてもほとんど劣化しないので、災害時の給水用としてはピッタリだと思います。

湧き水が枯れる冬期は、別の場所で沢の水が汲める

井戸に設置したプラスチック製のポンプ（雨水屋ノーマの「汲み上げ式浄水器用ポンプ」、約５万円）。災害などいざというときに

太陽熱温水器と薪ボイラー

東日本大震災の後、ソーラー発電が脚光を浴びました。２０１２年には電力の固定価格買取制度が改定され、普及にも拍車がかかりました。しかし制度自体がいびつで、作った電気を一切自家消費しない「全量販売（買い取り）」という投資目的の発電が増えました。

我が家は１９９８年に３kWのソーラーパネルを倉庫の屋上に設置し、自家消費したうえで、余剰電力を販売してきました。ですから、震災後にとった行動は、節電の見直しと、それ以外のエネルギー自給率の向上でした。薪ストーブを導入したのも、この時期です。

その頃、とある団体の勉強会に参加しました。「発電よりも効率のいい太陽熱利用を推進するべき」とのテーマで、太陽光は発電に利用するよりも、お湯を沸かすなどの熱利用のほうが、エネルギー効率は４倍ほど高いという内容でした。太陽熱利用のための製品やサービスも紹介されていて、「無料で温水器を設置して、使ったお湯の分だけ使用料を払う」というユニー

我が家で購入した太陽熱温水器と薪ボイラー

●薪ボイラー

長府製作所　薪焚き専用風呂釜
CHS-6　4万8600円
https://www.fujiyama-kougei.co.jp/SHOP/CS-003.html

上記販売店「ふじやま工芸」が、取り付け方法を詳細に解説してくれたので、自分で取り付けることができました（2018年に導入）。

●**太陽熱温水器**
寺田鉄工所　サナース
21万8900円
http://www.solars.jp/suna_01.html

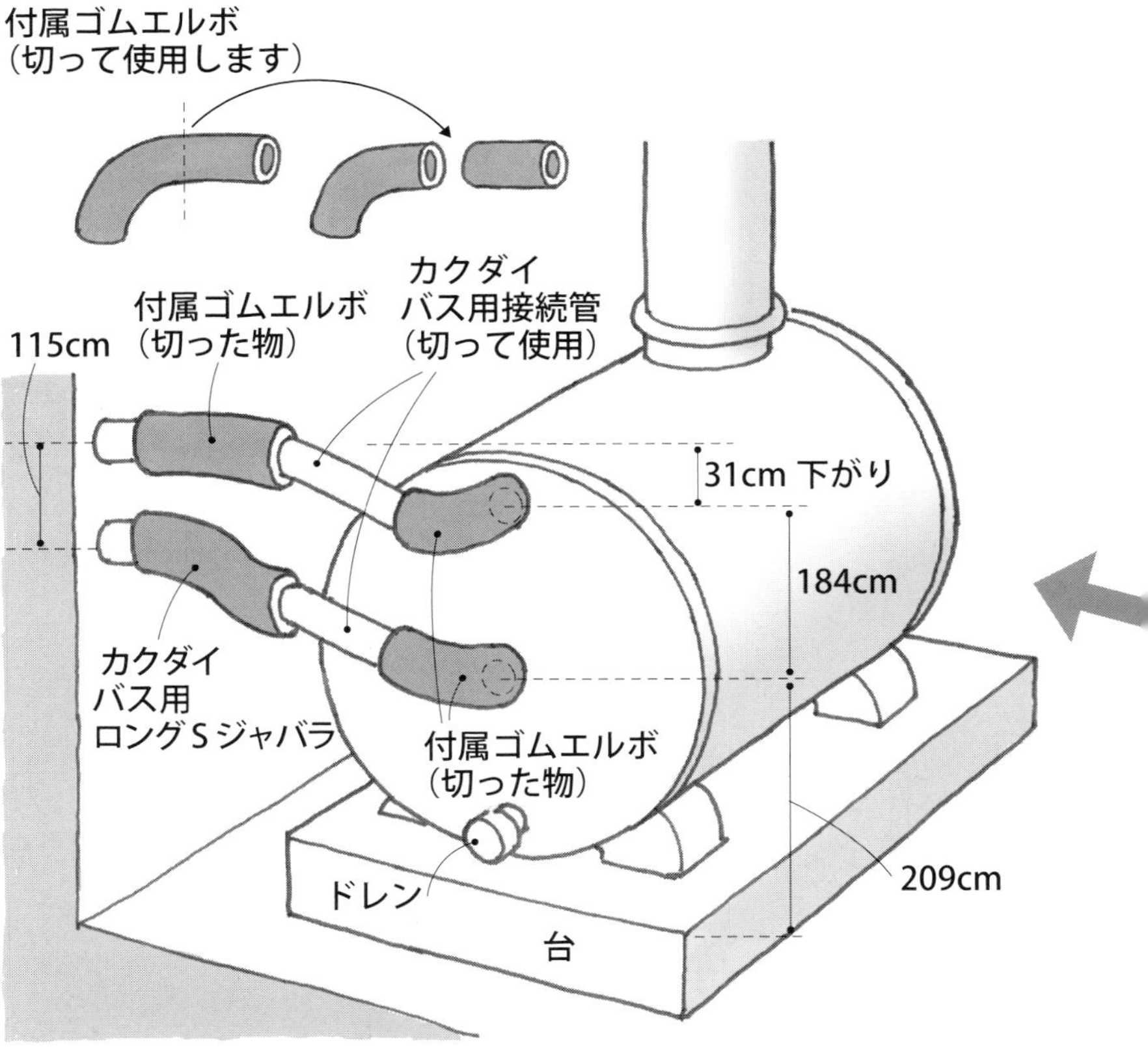

クなシステムもありました。

私が導入したのは、寺田鉄工所の「サナース」という太陽熱温水器です。屋上に設置するタンクと一体型のタイプで、水道の圧力で水を上げて、重力でお湯を落とすというシンプルな製品です。真空2重ガラスのヒートパイプで効率よくお湯が作れること、タンクの保温性能が高いのが特徴で、当時は設置工事費込みで20万円でした。それまでガスボイラーで風呂を沸かしていたのですが、サナースを導入して、冬場のガス代は月額2万円ほど下がりました。

さらに、調子が悪くなったガスボイラーを撤去し、薪ボイラー（4万8600円）を買い、自分で設置しました。これで、100％薪で風呂が沸かせるようになったのです。さらに太陽熱温水器をガスボイラーの給湯配管に接続し、シャワーやお勝手で「無料（タダ）のお湯」も使えます。

こうして、使用料を気にすることなく、水とお湯が使えるようになりました。これも、贅沢このうえなし。

あとがき

今朝のローカル紙の1面に次のような記事がありました。

「本県人口動態　過去最大1・5万人減　東京圏集中の打開急務

総務省は5日、住民基本台帳に基づく人口動態調査の結果を発表した。今年1月1日時点の県内の日本人は190万9403人で、前年から1万5202人（0・79％）減った。マイナスは16年連続で減少数、減少率とも過去最大。全国も11年連続で減少。都道府県別では、これまでで最も多い44道府県で人口が減り、増えたのは東京、神奈川、沖縄の3都県だけと、偏在がさらに際立っている。」（2020年8月6日付『上毛新聞』より）

長引く不況で田舎では満足に仕事が見つからない、という声は身近でもよく聞きます。その一方で、建築現場では大工が圧倒的に足りないという話がありました。

私は、若者の都会流出の一因として、形骸化した偏差値教育（進学制度）があると考えています。

大学に進学すれば、就活で企業に割り振られるし、専門学校も企業への割り振りがその役目です。料理専門学校の卒業後の進路を見ても、それは料理関係の会社への「就職」でしかないのです。師弟制度によるのれん分けというものがなくなって、大学でも専門学校でも、いかに名のある会社に卒業生を送り込んだか、という実績競争を繰り広げています。その予備軍である高校にしても、進学率とよい進学先の確保に追われる始末です。

このような教育および就職ルーティンという型にはめられた若者は、自分の力で生きていけないようになっていくのです。

　高崎市に「絶メシリスト」というものがあります。「食えなくなっても知らねーよ」というキャッチフレーズで、今にも廃業しそうな老夫婦が営む食堂をクローズアップした企画です。全国でも有名になったキャンペーンで、これがきっかけで縁のなかった若者が、その店の跡継ぎになるということも起こっています。

　私の知り合いに、自然食品を扱っている酒屋がありますが、こちらの夫婦も、いつやめるかという段階に入っています。しかし、この店はこだわりの商品を取りそろえ、顧客を開拓し、地道に商売をしてきました。その結果、商品の入手ルートや固定客をつかんでおり、跡継ぎがいれば苦労することなく収入を得ることができるのです。

　田舎でも、仕事を探す、仕事を作るということはできるはずですが、偏差値割り振り教育制度がそれを阻害しているのです。学校に通っているだけで、自分の目で社会を見ていませんし、自分の足で世の中を歩いていないのです。

　うちの長男は地元の偏差値の低い高校に行き、親は好きなようにさせました。高3の夏休みに、単身アイルランドに行き、現地のパブに飛び込みで演奏するという、音楽修行をしてきました。日本のケルト音楽界からは「群馬にすごい高校生がいる」と噂になっていました。

　今年（2020年）の春に長期でアイルランドに渡航する予定でしたが、コロナ禍で計画は中断。いったん実家に戻ってきました。この状況に対して、「長男は生活費くらい稼いでいるのか」と言う人がほとんどです。しかし、この自給生活の中では、家族1人増えたところで出費が急増することはありません。ですから、家事や農作業は手伝いますが、外で稼いでこいとは言いません。長男は計画（人生設計）の変更を余儀なくされたわけですが、着々と次の準備に取りかかっています。

　世の中では、大学を出て就職しても、そこで挫折して仕事を辞めたとき、家に引きこもるケースが増えています。

　自給生活をしていれば、子どもが仕事を辞めて家にいたとしても、やることは山ほどあるので引きこもることはあり得ません。それは単にやること（作業）がある、というだけではないのです。

　親が外に働きに行って、稼いだお金で教育費を払う。それは、子育てのアウトソーシング（外部委託、外注）なのです。子どもが小さい頃から一緒に自給生活をすることは、「教育の自給」でもあるのです。偏差値割り振り教育に巻き込まれていないので、ニートにも引きこもりにもならないのです。


　人口流出が続く地方ですが、コロナの影響で地方移住が見直されているようです。「コロナ　地方移住」というキーワードで検索すると、結構な情報が出てきます。

　その一方で、私が暮らしている中山間地（里山）の状況に変化が生じています。

　どこの田舎も同じ状況ですが、農業者が減り耕作放棄地が年々増えています。「畑や田んぼに人がいない」という状況は、野生動物の行動・生息範囲拡大に絶好のチャンスです。昔は田んぼが荒らされるということはありませんでした。せいぜいイネ刈り後のハザがけ時に、雀よけのネットを張るくらいだったのです。

　ところが最近、イネ刈り前の田んぼにイノシシが侵入し、のたうち回って一面荒らすようになりました。そこで、電柵を張り巡らせて防いでいました。

　ところが一昨年から、電柵を飛び越えてシカが侵入し、稲穂を食いあさるようになったのです。しょうがないので１・５ｍのネットで囲い、防ぐことにしました。

　畑にはそれ以前からイノシシ・シカが入っていたので、畑の周りをぐるりとネットで囲っています。人間が檻の中で暮らしているようなものです。

　このまま過疎化が進むと、やがてクマやイノシシが家の中に侵入し、冷蔵庫を漁るのではないかと思っています。網戸やサッシなどは奴らの力なら簡単に破るでしょう。人間の数が少なくなり、実はこいつら弱いんだ、ということがばれてしまえばアウトです。

実際、クマの冷蔵庫被害は起こっていました。

「クマが住宅に侵入　冷蔵庫開け、冷食までごっそり食べる

埼玉県秩父市で7月下旬、住宅にクマが侵入し、冷蔵庫を物色するなどしていたことが6日分かった。秩父地方は例年春から秋にかけてクマの出没が増えるが、住宅が狙われるのは珍しいという。同市などはわなを仕掛け、猟友会に捕獲を依頼するなど、警戒態勢を取っている。」

（『朝日新聞』DIGITALhttps://www.asahi.com/articles/ASM864QFJM86UTNB00B.html より）

やがて鉄格子が必要になるでしょう。

農薬と機械化で田畑に人が少なくなり、それすらも止めていき、野生動物の圧力が高まっています。それでも自給生活をするためには、ここで暮らしていくしかありません。ウィズコロナならぬウィズアニマルということです。

世界的なコロナウイルスの影響は、人びとの人生観にどう影響を与えるのか。お金、食糧、都市、仕事、生活……。感染が長期化すると報道されています。人びとの生活は変わるのか。未来のことは誰にもわかりません。私は相変わらずの自給生活を続けながらこの状況を見守っています。

著者略歴

新藤　洋一（しんどう　よういち）

1963年、群馬県富岡市生まれ
1982年、群馬県立高崎高等学校卒業
1991年、NTTデータ通信㈱退社
1995年、参議院選挙で東京選挙区に「農民連合」より出馬
2000年、作農料理人の店「自給屋」開店
2008年、「地鶏ラーメン自給屋」に変更
2018年、「地鶏ラーメン自給屋」閉店

著書：『新新貧乏物語』（自費出版）

小さい農業で暮らすコツ
養鶏・田畑・エネルギー自給

2021年2月10日　第1刷発行

著　者　新藤　洋一

発行所　一般社団法人　農山漁村文化協会
〒107-8668　東京都港区赤坂7丁目6−1
電話　03(3585)1142(営業)　03(3585)1144(編集)
FAX　03(3585)3668　振替　00120-3-144478
URL　http://www.ruralnet.or.jp/

ISBN978-4-540-20151-6　DTP製作／㈱農文協プロダクション
〈検印廃止〉　印刷・製本／凸版印刷㈱